中华人民共和国住房和城乡建设部

城市地下综合管廊工程投资估算指标

ZYA1-12(11)-2018

中国计划出版社

2018 北 京

图书在版编目（CIP）数据

城市地下综合管廊工程投资估算指标 ：ZYA1-12(11)-2018 / 上海市政工程设计研究总院（集团）有限公司主编. -- 北京 ：中国计划出版社，2018.12
ISBN 978-7-5182-0946-0

Ⅰ. ①城… Ⅱ. ①上… Ⅲ. ①市政工程－地下管道－工程造价－估算－中国 Ⅳ. ①TU723.34

中国版本图书馆CIP数据核字(2018)第247157号

城市地下综合管廊工程投资估算指标
ZYA1-12(11)-2018
上海市政工程设计研究总院(集团)有限公司　主编

中国计划出版社出版发行
网址：www.jhpress.com
地址：北京市西城区木樨地北里甲11号国宏大厦C座3层
邮政编码：100038　电话：(010)63906433(发行部)
北京汇瑞嘉合文化发展有限公司印刷

880mm×1230mm　1/16　9印张　269千字
2018年12月第1版　2018年12月第1次印刷
印数1—4000册

ISBN 978-7-5182-0946-0
定价：50.00元

主编部门：中华人民共和国住房和城乡建设部

批准部门：中华人民共和国住房和城乡建设部

执行日期：2 0 1 8 年 1 2 月 1 日

住房城乡建设部关于印发
城市地下综合管廊工程投资估算指标的通知

建标〔2018〕85 号

各省、自治区住房城乡建设厅，直辖市建委，国务院有关部门：

为贯彻落实中央城市工作会议精神，服务城市地下综合管廊建设，为城市地下综合管廊建设工程投资估算编制提供参考依据，我部组织编制了《城市地下综合管廊工程投资估算指标》编号为 ZYA1-12（11）-2018，现印发给你们，自 2018 年 12 月 1 日起执行。执行中遇到的问题和有关建议请及时反馈我部标准定额司。

《城市地下综合管廊工程投资估算指标》由我部标准定额研究所组织中国计划出版社出版发行。

中华人民共和国住房和城乡建设部

2018 年 8 月 28 日

总 说 明

为贯彻落实《国务院办公厅关于推进城市地下综合管廊建设的指导意见》(国办发〔2015〕61号),满足城市地下综合管廊工程前期投资估算的需要,进一步推进城市地下综合管廊工程建设,制定《城市地下综合管廊工程投资估算指标》(以下简称本指标)。

一、本指标以《城市综合管廊工程技术规范》GB 50838—2015、相关的工程设计标准、工程造价计价办法、有关定额指标为依据,结合近年有代表性的城市地下综合管廊工程的相关资料进行编制。

二、本指标适用于新建的城市地下综合管廊工程项目,改建、扩建的项目可参考使用。

三、本指标是城市地下综合管廊工程前期编制投资估算、多方案比选和优化设计的参考依据,是项目决策阶段评价投资可行性、分析投资效益的主要经济指标。

四、本指标分为综合指标和分项指标;综合指标包括建筑工程费、安装工程费、设备工器具购置费、工程建设其他费用和基本预备费,分项指标包括建筑工程费、安装工程费和设备购置费。

(一)建筑工程费、安装工程费由直接费和综合费用组成。直接费由人工费、材料费和机械费组成。综合费用由企业管理费、利润、规费和增值税组成。

(二)设备购置费依据设计文件规定,其价格由设备原价+设备运杂费组成,设备运杂费指除设备原价之外的设备采购、运输、包装及仓库保管等方面支出费用的总和。

(三)除信息通信工程外,工程建设其他费用包括:建设管理费、可行性研究费、研究试验费、勘察设计费、环境影响评价费、场地准备及临时设施费、工程保险费、联合试运转费等,工程建设其他费用费率的计费基数为建筑安装工程费与设备购置费之和。各地根据具体情况可予以调整。

(四)基本预备费系指在投资估算阶段不可预见的工程费用,基本预备费费率的计费基数为建筑安装工程费、设备购置费和工程建设其他费用的三部分之和。

五、综合指标可应用于项目建议书与可行性研究阶段,当设计建设相关条件进一步明确时,分项指标可应用于估算某一标准段或特殊段费用。

六、本指标设备购置费采用国产设备,由于设计的技术标准、各种设备的更新等因素,实际采用的设备可能有较大出入,如在设计方案已有主要设备选型,应按主要设备原价加运杂费等费用计算设备购置费。

七、本指标人工、材料、机械台班价格按北京市2017年10月造价信息执行,单价均按除税价格考虑。

八、本指标计算程序见下表。

综合指标计算程序表

序 号	项 目	取费基数及计算式
	指标基价	一+二+三+四
一	建筑安装工程费	4+5
1	人工费小计	—
2	材料费小计	—
3	机械费小计	—
4	直接费小计	1+2+3
5	综合费用	4× 综合费用费率
二	设备购置费	原价+设备运杂费
三	工程建设其他费用	(一+二)× 工程建设其他费用费率
四	基本预备费	(一+二+三)× 基本预备费费率

注:分项指标基价为本表一、二项之和。

九、本指标的使用。本指标中的人工、材料、机械费的消耗量原则上不做调整。使用本指标时可按指标消耗量及工程所在地当时当地市场价格并按照规定的计算程序和方法调整指标，费率可参照指标确定，也可按各级建设行政主管部门发布的费率调整。

具体调整办法如下：

（一）建筑安装工程费的调整。

1. 人工费：以指标人工工日数乘以当时当地造价管理部门发布的人工单价确定。

2. 材料费：以指标主要材料消耗量乘以当时当地造价管理部门发布的相应材料价格确定。

$$\text{其他材料费} = \text{指标其他材料费} \times \frac{\text{调整后的主要材料费}}{\text{指标材料费小计} - \text{指标其他材料费}}$$

3. 机械费：

$$\text{机械费} = \text{指标机械费} \times \frac{\text{调整后人工费小计} + \text{调整后材料费小计}}{\text{指标人工费小计} + \text{指标材料费小计}}$$

4. 直接费：调整后的直接费为调整后的人工费、材料费、机械费之和。

5. 综合费用：综合费用的调整应按当时当地不同工程类别的综合费率计算。计算公式如下：

综合费用 = 调整后的直接费 × 当时当地的综合费率

6. 建筑安装工程费：

建筑安装工程费 = 调整后的直接费 + 调整后的综合费用

（二）设备购置费的调整。指标中列有设备购置费的，按主要设备清单，采用当时当地的设备价格进行调整。

（三）工程建设其他费用的调整。

工程建设其他费用 =（调整后的建筑安装工程费 + 调整后的设备购置费）× 工程建设其他费用费率

（四）基本预备费的调整。

基本预备费 =（调整后的建筑安装工程费 + 调整后的设备购置费 + 调整后的工程建设其他费用）× 基本预备费费率

（五）综合指标基价的调整。

综合指标基价 = 调整后的建筑安装工程费 + 调整后的设备购置费 + 调整后的工程建设其他费用 + 调整后的基本预备费

十、本指标中指标编号为“×Z-××”或“×F-××”，除注明英文字母表示外，均用阿拉伯数字表示。

其中：

1.Z 表示综合指标，1Z 为管廊本体工程，2Z 为入廊电力管线，3Z 为入廊信息通信管线，4Z 为入廊燃气管线，5Z 为入廊热力管线，6Z 为入廊给水管线。

2.F 表示分项指标，1F 为标准段，2F 为吊装口，3F 为通风口，4F 为管线分支口，5F 为人员出入口，6F 为交叉口，7F 为端部井，8F 为分变电所，9F 为倒虹段，10F 为其他。

3.“-”线后部分 ×× 表示划分序号，同一部分顺序编号。

十一、本指标中注明“××以内”或“××以下”者，均包括 ×× 本身；而注明“××以外”或“××以上”者，均不包括 ×× 本身。

十二、其他有关说明：

1. 混凝土体积中不包括素混凝土垫层和填充混凝土。

2. 管廊断面面积 = 结构内径净宽度 × 结构内径净高度。

3. 建筑体积 = 管廊断面面积 × 长度。

4. 管廊本体混凝土按抗渗混凝土考虑。

目　录

1　综合指标

2　分项指标

1 综合指标

说 明

一、综合指标包括管廊本体综合指标和进入管廊的专业管线综合指标。

二、管廊本体综合指标包括管廊的建筑工程、供电照明、通风、排水、自动化及仪表、通信、监控及报警、消防等辅助设施以及入廊电缆支架的相关费用，但不包括入廊专业管线、电（光）缆桥架以及给水、排水、热力、燃气管道支架费用。其中管廊本体的建筑工程费一般包括标准段、吊装口、通风口、管线分支口、人员出入口、交叉口和端部井等费用。

三、进入管廊的专业管线综合指标包括电力、信息通信、燃气、热力和给水等管线综合指标，本指标按照主材不同分别列出了综合指标，排水管线的造价可参考《市政工程投资估算指标》。

四、除入廊信息通信管线外，工程建设其他费用费率为 15%。

五、除入廊信息通信管线外，基本预备费费率为 10%。

六、各节说明如下：

（一）管廊本体工程。

1. 综合指标适用于现浇干线和支线管廊工程。

2. 综合指标是根据管廊断面面积、舱位数量，考虑合理的技术经济情况进行组合设置，分为以下 17 项：

断面面积（m^2）	10~20	20~35		35~45			45~55		
舱数	1	1	2	2	3	4	3	4	5

断面面积（m^2）	55~65		65~75		75~85		85~95	
舱数	4	5	4	5	4	5	5	6

3. 综合指标反映不同断面、不同舱位管廊的综合投资指标，内容包括：土方工程、钢筋混凝土工程、防水工程、降水、围护结构和地基处理等，抗震设防烈度按 7 度考虑。但未考虑湿陷性黄土区、永久性冻土和地质情况十分复杂等地区的特殊要求，如发生时应结合具体情况进行调整。本指标不宜直接采用内插法计算。

4. 管廊本体综合指标的计量单位按管廊长度以“m”计。

（二）入廊电力管线。

1. 入廊电力管线是指在综合管廊中敷设电力电缆，主要包括 10kV 电力电缆、20kV 电力电缆、35kV 电力电缆、66kV 电力电缆、110kV 电力电缆、220kV 电力电缆。

2. 综合指标包括电力电缆敷设、电缆中间头制作安装、电缆终端头制作安装、电缆桥架安装、电缆接头支架安装、电缆接地装置安装、电缆常规试验等费用。未包括的内容：电缆支架、电缆防火设施、GIS 终端头的六氟化硫的收（充）气、冬季施工的电缆加温、夜间施工降效、绝热设施、隧道内抽水等费用。

3. 电力电缆敷设以“元 /m”为计量单位；电缆长度“m”是按电缆结构型式确定，即三相统包型为“m/ 三相”，单芯电缆为“m/ 单相”。

4. 其他说明：

（1）电力电缆敷设按设计图示尺寸以电缆长度计算（含预留长度及附加长度）；

（2）电力电缆均是按交联聚乙烯绝缘、铜芯电缆考虑的；

（3）电缆桥架是按在管廊中敷设一层玻璃钢桥架考虑的，如实际工程采用其他方式，按价差另行计算；

(4)电力电缆的固定方式是按常规型式测算的,如实际工程采用特殊固定方式,按价差另行计算;

(5)电缆接地装置安装是指接地箱、交叉互联箱、接地电缆和交叉互联电缆等;

(6)66kV 电力电缆的其他截面可参照同截面 110kV 电力电缆子目。

(三)入廊信息通信管线。

1. 入廊信息通信管线包括在综合管廊中敷设 48 芯光缆、96 芯光缆、144 芯光缆、288 芯光缆、100 对对绞电缆、200 对对绞电缆。

2. 综合指标包括敷设光(电)缆、光(电)缆接续、光(电)缆中继段测试等费用。但未包括安装光(电)缆承托铁架、托板、余缆架、标志牌、管廊吊装口外地面交通管制协调、其他同廊管线的安全看护等费用。

3. 综合指标是按照常规条件下,采用在支架上人工明布光(电)缆方式取定的。测算模型中光缆按 2km 一个接头(电缆 1km 一个接头)计取,临时设施距离按 35km 计取。

4. 本指标计算时已考虑敷设光(电)缆工程量 =(1+ 自然弯曲系数)× 路由长度 + 各种设计预留。

5. 工程建设其他费仅含建设单位管理费、设计费、监理费、安全生产费,费率按工程费的 10.25% 计取。预备费按建筑安装工程费、设备购置费和工程建设其他费的 4.68% 计取。

6. 工程量计算规则:入廊信息通信管线指标应按敷设光(电)缆的路由长度计算。

(四)入廊燃气管线。

1. 入廊燃气管线适用于城市综合管廊工程中设计压力小于或等于 1.6MPa 的城镇天然气管网工程。

2. 入廊燃气管线综合指标包括钢管、管件及阀门安装、管道吹扫、强度试验、严密性试验、焊缝探伤、除锈、刷漆、穿墙防水套管、滑动支墩、固定支架、滑动支架、导向支架制作安装、氮气置换等费用。

3. 入廊燃气管线应采用无缝钢管,钢管的连接形式为焊接。实际管材规格、价格与指标不同时,可按设计进行调整和换算。

4. 入廊燃气管线采用现场油漆涂料防腐,如实际防腐形式与指标不同时,可调整。

5. 入廊燃气管线综合考虑了 π 型补偿用弯头、拐点用弯头、三通等管件的工程量,消耗量如下表所示,如实际数量与指标不同时,可调整。

弯头、三通工程消耗量表 单位:个 /m

管径	*DN*150	*DN*200	*DN*250	*DN*300	*DN*400	*DN*500	*DN*600	*DN*700
弯头	0.038	0.034	0.034	0.030	0.030	0.030	0.026	0.026
三通	0.002	0.002	0.002	0.002	0.002	0.002	0.002	0.002

6. 入廊燃气管线综合考虑了分段阀和端部阀的工程量,阀门形式为焊接端闸阀(带电动执行机构),*DN*500 及以下管线每 4km 设置 1 个,*DN*500 以上管线每 6km 设置 1 个。如实际规格型号、数量、价格与指标不同时,可调整。

7. 入廊燃气管线指标不包含分支阀的费用,如工程实际需要时,可调整。

8. 入廊燃气管线指标按照单管进行编制,使用过程中须将可燃气体报警系统费用进行累加计算。若有燃气管线多管同舱敷设时,燃气管道安装费用指标应乘以同舱调整系数 0.9 后进行累加计算。

9. 入廊燃气管线指标不包含防火墙及防火门的费用。

10. 入廊燃气管线指标单独计算了可燃气体报警系统,但不包括监控系统的费用。可燃气体检测报警器按每 200m 设置 1 套、可燃气体检测探头按每 10m 设置 1 个计算。如实际数量、价格与指标不同时,可调整。

11. 工程量计算规则:入廊燃气管线按设计桩号长度以延长米计算,不扣除阀门及管件所占长度。

(五)入廊热力管线。

1. 入廊热力管线适用于供热输送介质为热水的城镇热网工程。

2. 入廊热力管线综合指标包括钢管、管件及阀门安装、探伤、管道水压试验及水冲洗、除锈、防腐、保温、外护、滑动支墩、固定支架、滑动支架、导向支架制作安装等费用。入廊热力管线综合指标包含供水管和回水管的工程费用。

3. 入廊热力管线采用现场保温焊接钢管，连接形式为焊接，采用无机富锌漆、聚氨酯防腐，保温材料为高温玻璃棉，外护为镀锌铁皮。如实际管材规格、价格与指标不同或选用预制保温管时，可按设计进行调整和换算。

4. 补偿器按照理论设计计算确定，选用波纹管补偿器。如实际数量、价格与指标不同时，可按设计进行调整和换算。

5. 入廊热力管线综合考虑了阀门的工程量，选用金属硬密封焊接端蝶阀。如实际数量、价格与指标不同时，可按设计进行调整和换算。

6. 入廊热力管线指标不包括 EMS 预警系统费用。

7. 工程量计算规则：入廊热力管线指标按设计桩号长度以延长米计算，不扣除弯头、三通、补偿器、阀门等所占长度。每延长米桩号包含了一根供水管和一根回水管。

（六）入廊给水管线。

1. 入廊给水管线主要包括球墨铸铁管及钢管。

2. 入廊中水、再生水管线可参考本指标执行。

3. 综合指标中已包括管道内外防腐费用。

4. 综合指标中已综合考虑管道支墩及支架费用。

5. 综合指标中已按比例综合确定了管道的管件及阀门含量取定值。

6. 工程量计算规则：入廊给水管道长度按设计中心线长度计算，不扣除管件和阀门。

1.1 管廊本体工程

单位：m

序号		项目	单位	1Z-01
序号	指标编号			1Z-01
	项目		单位	断面面积 $10\sim20m^2$
				1舱
	指标基价		元	61512~87763
一	建筑工程费用		元	40026~60778
二	安装工程费用		元	3870
三	管廊本体设备购置费		元	4730
四	工程建设其他费用		元	7294~10407
五	基本预备费		元	5592~7978
建筑安装工程费				
直接费	人工费	建筑工程人工	工日	56.150~82.700
		安装工程人工	工日	32.980~48.570
		人工费小计	元	8428~12412
	材料费	预拌混凝土	m^3	7.100~13.660
		钢材	kg	1159.010~2229.580
		木材	m^3	0.050~0.060
		黄砂	t	26.400~37.200
		钢管及钢配件	kg	187.500
		其他材料费	元	695~1024
		材料费小计	元	21070~31031
	机械费	机械费	元	5349~7878
		其他机械费	元	270~397
		机械费小计	元	5619~8275
	小计		元	35117~51718
综合费用			元	8779~12930
合计			元	43896~64648

单位：m

序　号	指　标　编　号		单位	1Z-02
	项　　　目			断面面积　20~35m^2
				1 舱
	指标基价		元	87763~110608
一	建筑工程费用		元	60778~78837
二	安装工程费用		元	3870
三	管廊本体设备购置费		元	4730
四	工程建设其他费用		元	10407~13116
五	基本预备费		元	7978~10055
建筑安装工程费				
直接费	人工费	建筑工程人工	工日	82.700~105.800
		安装工程人工	工日	48.570~62.130
		人工费小计	元	12412~15880
	材料费	预拌混凝土	m^3	13.660~19.360
		钢材	kg	2229.580~3159.690
		木材	m^3	0.060
		黄砂	t	28.750~37.200
		钢管及钢配件	kg	187.500
		其他材料费	元	1024~1310
		材料费小计	元	31031~39699
	机械费	机械费	元	7878~10078
		其他机械费	元	397~508
		机械费小计	元	8275~10586
	小计		元	51718~66165
综合费用			元	12930~16542
合　　计			元	64648~82707

单位：m

<table>
<tr><td rowspan="4">序　号</td><td colspan="3">指　标　编　号</td><td>1Z-03</td></tr>
<tr><td colspan="2" rowspan="2">项　　　目</td><td rowspan="2">单位</td><td>断面面积　20~35m²</td></tr>
<tr><td>2 舱</td></tr>
<tr><td colspan="2">指标基价</td><td>元</td><td>95180~117471</td></tr>
<tr><td>一</td><td colspan="2">建筑工程费用</td><td>元</td><td>63190~80812</td></tr>
<tr><td>二</td><td colspan="2">安装工程费用</td><td>元</td><td>5423</td></tr>
<tr><td>三</td><td colspan="2">管廊本体设备购置费</td><td>元</td><td>6628</td></tr>
<tr><td>四</td><td colspan="2">工程建设其他费用</td><td>元</td><td>11286~13929</td></tr>
<tr><td>五</td><td colspan="2">基本预备费</td><td>元</td><td>8653~10679</td></tr>
<tr><td colspan="5">建筑安装工程费</td></tr>
<tr><td rowspan="14">直接费</td><td rowspan="3">人工费</td><td>建筑工程人工</td><td>工日</td><td>87.770~110.310</td></tr>
<tr><td>安装工程人工</td><td>工日</td><td>51.550~64.790</td></tr>
<tr><td>人工费小计</td><td>元</td><td>13174~16557</td></tr>
<tr><td rowspan="7">材料费</td><td>预拌混凝土</td><td>m³</td><td>14.150~18.310</td></tr>
<tr><td>钢材</td><td>kg</td><td>2309.690~2988.030</td></tr>
<tr><td>木材</td><td>m³</td><td>0.060</td></tr>
<tr><td>黄砂</td><td>t</td><td>38.200~54.400</td></tr>
<tr><td>钢管及钢配件</td><td>kg</td><td>312.500</td></tr>
<tr><td>其他材料费</td><td>元</td><td>1087~1366</td></tr>
<tr><td>材料费小计</td><td>元</td><td>32934~41393</td></tr>
<tr><td rowspan="3">机械费</td><td>机械费</td><td>元</td><td>8360~10508</td></tr>
<tr><td>其他机械费</td><td>元</td><td>422~530</td></tr>
<tr><td>机械费小计</td><td>元</td><td>8782~11038</td></tr>
<tr><td colspan="2">小计</td><td>元</td><td>54890~68988</td></tr>
<tr><td colspan="3">综合费用</td><td>元</td><td>13723~17247</td></tr>
<tr><td colspan="3">合　　计</td><td>元</td><td>68613~86235</td></tr>
</table>

单位：m

序号	指标编号			1Z-04
	项目		单位	断面面积 35~45m^2
				2 舱
	指标基价		元	117471~162938
一	建筑工程费用		元	80812~116754
二	安装工程费用		元	5423
三	管廊本体设备购置费		元	6628
四	工程建设其他费用		元	13929~19321
五	基本预备费		元	10679~14812
建筑安装工程费				
直接费	人工费	建筑工程人工	工日	110.310~156.290
		安装工程人工	工日	64.790~91.790
		人工费小计	元	16557~23458
	材料费	预拌混凝土	m^3	18.310~28.470
		预拌水下混凝土	m^3	0.200
		钢材	kg	2988.030~4680.140
		木材	m^3	0.060
		黄砂	t	54.400~68.200
		钢管及钢配件	kg	312.500
		其他材料费	元	1366~1935
		材料费小计	元	41393~58645
	机械费	机械费	元	10508~14887
		其他机械费	元	530~751
		机械费小计	元	11038~15638
	小计		元	68988~97741
综合费用			元	17247~24436
合计			元	86235~122177

单位：m

<table>
<tr><td rowspan="3">序号</td><td colspan="2">指标编号</td><td></td><td>1Z-05</td></tr>
<tr><td colspan="2" rowspan="2">项目</td><td rowspan="2">单位</td><td>断面面积 35~45m^2</td></tr>
<tr><td>3舱</td></tr>
<tr><td></td><td colspan="2">指标基价</td><td>元</td><td>127827~175261</td></tr>
<tr><td>一</td><td colspan="2">建筑工程费用</td><td>元</td><td>86598~124095</td></tr>
<tr><td>二</td><td colspan="2">安装工程费用</td><td>元</td><td>6503</td></tr>
<tr><td>三</td><td colspan="2">管廊本体设备购置费</td><td>元</td><td>7948</td></tr>
<tr><td>四</td><td colspan="2">工程建设其他费用</td><td>元</td><td>15157~20782</td></tr>
<tr><td>五</td><td colspan="2">基本预备费</td><td>元</td><td>11621~15933</td></tr>
<tr><td colspan="5">建筑安装工程费</td></tr>
<tr><td rowspan="15">直接费</td><td rowspan="3">人工费</td><td>建筑工程人工</td><td>工日</td><td>119.090~167.060</td></tr>
<tr><td>安装工程人工</td><td>工日</td><td>69.940~98.110</td></tr>
<tr><td>人工费小计</td><td>元</td><td>17875~25075</td></tr>
<tr><td rowspan="8">材料费</td><td>预拌混凝土</td><td>m^3</td><td>20.100~31.140</td></tr>
<tr><td>预拌水下混凝土</td><td>m^3</td><td>0.200</td></tr>
<tr><td>钢材</td><td>kg</td><td>3280.010~5115.610</td></tr>
<tr><td>木材</td><td>m^3</td><td>0.060</td></tr>
<tr><td>黄砂</td><td>t</td><td>5.040~5.330</td></tr>
<tr><td>钢管及钢配件</td><td>kg</td><td>312.500</td></tr>
<tr><td>其他材料费</td><td>元</td><td>1475~2069</td></tr>
<tr><td>材料费小计</td><td>元</td><td>44688~62687</td></tr>
<tr><td rowspan="3">机械费</td><td>机械费</td><td>元</td><td>11345~15914</td></tr>
<tr><td>其他机械费</td><td>元</td><td>572~802</td></tr>
<tr><td>机械费小计</td><td>元</td><td>11917~16716</td></tr>
<tr><td colspan="2">小计</td><td>元</td><td>74480~104478</td></tr>
<tr><td colspan="3">综合费用</td><td>元</td><td>18621~26120</td></tr>
<tr><td colspan="3">合计</td><td>元</td><td>93101~130598</td></tr>
</table>

单位：m

序号	指标编号			1Z-06
	项目		单位	断面面积 35~45m^2
				4 舱
	指标基价		元	135748~195132
一	建筑工程费用		元	89480~136424
二	安装工程费用		元	8024
三	管廊本体设备购置费		元	9807
四	工程建设其他费用		元	16096~23138
五	基本预备费		元	12341~17739
建筑安装工程费				
直接费	人工费	建筑工程人工	工日	124.730~184.780
		安装工程人工	工日	73.250~108.520
		人工费小计	元	18721~27734
	材料费	预拌混凝土	m^3	19.850~33.810
		预拌水下混凝土	m^3	0.200
		钢材	kg	3239.560~5551.080
		木材	m^3	0.060
		黄砂	t	5.380~5.660
		钢管及钢配件	kg	625
		其他材料费	元	1544~2288
		材料费小计	元	46802~69335
	机械费	机械费	元	11881~17602
		其他机械费	元	599~887
		机械费小计	元	12480~18489
	小计		元	78003~115558
综合费用			元	19501~28890
合计			元	97504~144448

单位：m

序号	指标编号		单位	1Z-07
	项目			断面面积 45~55m^2
				3舱
	指标基价		元	175261~192591
一	建筑工程费用		元	124095~137795
二	安装工程费用		元	6503
三	管廊本体设备购置费		元	7948
四	工程建设其他费用		元	20782~22837
五	基本预备费		元	15933~17508
建筑安装工程费				
直接费	人工费	建筑工程人工	工日	167.060~184.580
		安装工程人工	工日	98.110~108.410
		人工费小计	元	25075~27705
	材料费	预拌混凝土	m^3	31.140~34.940
		预拌水下混凝土	m^3	0.200
		钢材	kg	5115.610~5735.850
		木材	m^3	0.060
		黄砂	t	5.330~5.590
		钢管及钢配件	kg	312.500
		其他材料费	元	2069~2286
		材料费小计	元	62687~69263
	机械费	机械费	元	15914~17583
		其他机械费	元	802~887
		机械费小计	元	16716~18470
	小计		元	104478~115438
综合费用			元	26120~28860
合计			元	130598~144298

单位：m

序号	指标编号			1Z-08
	项目		单位	断面面积 45~55m^2
				4 舱
	指标基价		元	195132~211837
一	建筑工程费用		元	136424~149629
二	安装工程费用		元	8024
三	管廊本体设备购置费		元	9807
四	工程建设其他费用		元	23138~25119
五	基本预备费		元	17739~19258
建筑安装工程费				
直接费	人工费	建筑工程人工	工日	184.780~201.670
		安装工程人工	工日	108.520~118.440
		人工费小计	元	27734~30269
	材料费	预拌混凝土	m^3	33.810~37.360
		预拌水下混凝土	m^3	0.200
		钢材	kg	5551.080~6130.370
		木材	m^3	0.060
		黄砂	t	5.660~5.930
		钢管及钢配件	kg	625
		其他材料费	元	2288~2497
		材料费小计	元	69335~75673
	机械费	机械费	元	17602~19211
		其他机械费	元	887~969
		机械费小计	元	18489~20180
	小计		元	115558~126122
综合费用			元	28890~31531
合计			元	144448~157653

单位：m

序号	项目		单位	1Z-09
				断面面积 45~55m^2
				5舱
	指标基价		元	203074~216503
一	建筑工程费用		元	139782~150398
二	安装工程费用		元	9338
三	管廊本体设备购置费		元	11413
四	工程建设其他费用		元	24080~25672
五	基本预备费		元	18461~19682
建筑安装工程费				
直接费	人工费	建筑工程人工	工日	190.750~204.330
		安装工程人工	工日	112.030~120
		人工费小计	元	28631~30669
	材料费	预拌混凝土	m^3	34.770~38.400
		预拌水下混凝土	m^3	0.200
		钢材	kg	5707.880~6300.660
		木材	m^3	0.060
		黄砂	t	6~6.320
		钢管及钢配件	kg	625
		其他材料费	元	2362~2530
		材料费小计	元	71578~76673
	机械费	机械费	元	18171~19466
		其他机械费	元	916~981
		机械费小计	元	19087~20447
	小计		元	119296~127789
综合费用			元	29824~31947
合计			元	149120~159736

单位：m

序号	指标编号				1Z-10
序号	项目			单位	断面面积　55~65m^2
					4 舱
	指标基价			元	211837~245076
一	建筑工程费用			元	149629~175905
二	安装工程费用			元	8024
三	管廊本体设备购置费			元	9807
四	工程建设其他费用			元	25119~29060
五	基本预备费			元	19258~22280
建筑安装工程费					
直接费	人工费	建筑工程人工		工日	201.670~235.280
		安装工程人工		工日	118.440~138.180
		人工费小计		元	30269~35314
	材料费	预拌混凝土		m^3	34.650~37.350
		预拌水下混凝土		m^3	0.200
		水泥		kg	20425.860
		钢材		kg	5654.880~6130.370
		木材		m^3	0.060~0.070
		黄砂		t	5.930~6.190
		钢管及钢配件		kg	625
		其他材料费		元	2497~2913
		材料费小计		元	75673~88286
	机械费	机械费		元	19211~22413
		其他机械费		元	969~1130
		机械费小计		元	20180~23543
	小计			元	126122~147143
综合费用				元	31531~36786
合　计				元	157653~183929

单位：m

<table>
<tr><td rowspan="3">序　号</td><td colspan="3">指　标　编　号</td><td>1Z-11</td></tr>
<tr><td colspan="2" rowspan="2">项　　目</td><td rowspan="2">单位</td><td>断面面积　55~65m²</td></tr>
<tr><td>5 舱</td></tr>
<tr><td></td><td colspan="2">指标基价</td><td>元</td><td>216503~259494</td></tr>
<tr><td>一</td><td colspan="2">建筑工程费用</td><td>元</td><td>150398~184383</td></tr>
<tr><td>二</td><td colspan="2">安装工程费用</td><td>元</td><td>9338</td></tr>
<tr><td>三</td><td colspan="2">管廊本体设备购置费</td><td>元</td><td>11413</td></tr>
<tr><td>四</td><td colspan="2">工程建设其他费用</td><td>元</td><td>25672~30770</td></tr>
<tr><td>五</td><td colspan="2">基本预备费</td><td>元</td><td>19682~23590</td></tr>
<tr><td colspan="5">建筑安装工程费</td></tr>
<tr><td rowspan="16">直接费</td><td rowspan="3">人工费</td><td>建筑工程人工</td><td>工日</td><td>204.330~247.810</td></tr>
<tr><td>安装工程人工</td><td>工日</td><td>120~145.540</td></tr>
<tr><td>人工费小计</td><td>元</td><td>30669~37194</td></tr>
<tr><td rowspan="9">材料费</td><td>预拌混凝土</td><td>m³</td><td>38.400~40.180</td></tr>
<tr><td>预拌水下混凝土</td><td>m³</td><td>0.200</td></tr>
<tr><td>水泥</td><td>kg</td><td>20766.330</td></tr>
<tr><td>钢材</td><td>kg</td><td>6300.660~6589.890</td></tr>
<tr><td>木材</td><td>m³</td><td>0.060~0.070</td></tr>
<tr><td>黄砂</td><td>t</td><td>6.320~6.560</td></tr>
<tr><td>钢管及钢配件</td><td>kg</td><td>625</td></tr>
<tr><td>其他材料费</td><td>元</td><td>2530~3069</td></tr>
<tr><td>材料费小计</td><td>元</td><td>76673~92986</td></tr>
<tr><td rowspan="3">机械费</td><td>机械费</td><td>元</td><td>19466~23607</td></tr>
<tr><td>其他机械费</td><td>元</td><td>981~1190</td></tr>
<tr><td>机械费小计</td><td>元</td><td>20447~24797</td></tr>
<tr><td colspan="2">小计</td><td>元</td><td>127789~154977</td></tr>
<tr><td colspan="3">综合费用</td><td>元</td><td>31947~38744</td></tr>
<tr><td colspan="3">合　　计</td><td>元</td><td>159736~193721</td></tr>
</table>

单位：m

序号	指标编号			1Z-12
	项目		单位	断面面积 65~75m^2
				4 舱
	指标基价		元	245076~261267
一	建筑工程费用		元	175905~188705
二	安装工程费用		元	8024
三	管廊本体设备购置费		元	9807
四	工程建设其他费用		元	29060~30980
五	基本预备费		元	22280~23751
建筑安装工程费				
直接费	人工费	建筑工程人工	工日	235.280~251.650
		安装工程人工	工日	138.180~147.800
		人工费小计	元	35314~37772
	材料费	预拌混凝土	m^3	37.350~40.960
		预拌水下混凝土	m^3	0.200
		水泥	kg	20425.860~20425.860
		钢材	kg	6129.020~6717.200
		木材	m^3	0.070
		黄砂	t	6.190~6.380
		钢管及钢配件	kg	625
		其他材料费	元	2913~3116
		材料费小计	元	88286~94430
	机械费	机械费	元	22413~23972
		其他机械费	元	1130~1209
		机械费小计	元	23543~25181
	小计		元	147143~157383
综合费用			元	36786~39346
合计			元	183929~196729

单位：m

序号		项　　目	单位	1Z-13
序号	指标编号			1Z-13
				断面面积　65~75m^2
				5 舱
	指标基价		元	259494~275440
一	建筑工程费用		元	184383~196988
二	安装工程费用		元	9338
三	管廊本体设备购置费		元	11413
四	工程建设其他费用		元	30770~32661
五	基本预备费		元	23590~25040
建筑安装工程费				
直接费	人工费	建筑工程人工	工日	247.810~263.930
		安装工程人工	工日	145.540~155.010
		人工费小计	元	37194~39614
	材料费	预拌混凝土	m^3	40.180~43.550
		预拌水下混凝土	m^3	0.200
		水泥	kg	20766.330~20766.330
		钢材	kg	6589.890~7140.270
		木材	m^3	0.070
		黄砂	t	6.560~6.800
		钢管及钢配件	kg	625
		其他材料费	元	3069~3268
		材料费小计	元	92986~99036
	机械费	机械费	元	23607~25142
		其他机械费	元	1190~1268
		机械费小计	元	24797~26410
	小计		元	154977~165060
综合费用			元	38744~41266
合　计			元	193721~206326

单位：m

序号		指标编号	单位	1Z-14
		项目		断面面积　75~85m^2
				4 舱
		指标基价	元	261267~335908
一		建筑工程费用	元	188705~247709
二		安装工程费用	元	8024
三		管廊本体设备购置费	元	9807
四		工程建设其他费用	元	30980~39831
五		基本预备费	元	23751~30537
建筑安装工程费				
直接费	人工费	建筑工程人工	工日	251.650~327.130
		安装工程人工	工日	147.800~192.120
		人工费小计	元	37772~49101
	材料费	预拌混凝土	m^3	40.960~44.630
		预拌水下混凝土	m^3	0.200~21.430
		水泥	kg	20425.860~22622.410
		钢材	kg	6717.200~9469.090
		木材	m^3	0.070
		黄砂	t	6.380~6.620
		钢管及钢配件	kg	625
		其他材料费	元	3116~4051
		材料费小计	元	94430~122752
	机械费	机械费	元	23972~31162
		其他机械费	元	1209~1571
		机械费小计	元	25181~32733
	小计		元	157383~204586
综合费用			元	39346~51147
合计			元	196729~255733

单位：m

序号	项目		单位	指标编号 1Z-15 断面面积 75~85m^2 5舱
	指标基价		元	275440~353347
一	建筑工程费用		元	196988~258575
二	安装工程费用		元	9338
三	管廊本体设备购置费		元	11413
四	工程建设其他费用		元	32661~41899
五	基本预备费		元	25040~32122
建筑安装工程费				
直接费	人工费	建筑工程人工	工日	263.930~342.710
		安装工程人工	工日	155.010~201.270
		人工费小计	元	39614~51439
	材料费	预拌混凝土	m^3	43.550~47.790
		预拌水下混凝土	m^3	0.200~21.980
		水泥	kg	20766.330~22892.630
		钢材	kg	7140.270~10041.710
		木材	m^3	0.070
		黄砂	t	6.800~7.060
		钢管及钢配件	kg	625
		其他材料费	元	3268~4244
		材料费小计	元	99036~128598
	机械费	机械费	元	25142~32647
		其他机械费	元	1268~1646
		机械费小计	元	26410~34293
	小计		元	165060~214330
综合费用			元	41266~53583
合　计			元	206326~267913

单位：m

序号	指标编号		单位	1Z-16
	项目			断面面积 85~95m²
				5舱
	指标基价		元	353347~364669
一	建筑工程费用		元	258575~267525
二	安装工程费用		元	9338
三	管廊本体设备购置费		元	11413
四	工程建设其他费用		元	41899~43241
五	基本预备费		元	32122~33152
建筑安装工程费				
直接费	人工费	建筑工程人工	工日	342.710~354.160
		安装工程人工	工日	201.270~208
		人工费小计	元	51439~53158
	材料费	预拌混凝土	m^3	47.790~50.490
		预拌水下混凝土	m^3	21.430~21.980
		水泥	kg	22622.410~22892.630
		钢材	kg	10041.710~10425.780
		木材	m^3	0.070~0.080
		黄砂	t	7.060~7.250
		钢管及钢配件	kg	625
		其他材料费	元	4244~4386
		材料费小计	元	128598~132894
	机械费	机械费	元	32647~33737
		其他机械费	元	1646~1701
		机械费小计	元	34293~35438
	小计		元	214330~221490
综合费用			元	53583~55373
合计			元	267913~276863

单位：m

<table>
<tr><td rowspan="3">序 号</td><td colspan="3">指 标 编 号</td><td>1Z-17</td></tr>
<tr><td colspan="2" rowspan="2">项 目</td><td rowspan="2">单位</td><td>断面面积 85~95m²</td></tr>
<tr><td>6 舱</td></tr>
<tr><td></td><td colspan="2">指标基价</td><td>元</td><td>360929~379762</td></tr>
<tr><td>一</td><td colspan="2">建筑工程费用</td><td>元</td><td>261668~276556</td></tr>
<tr><td>二</td><td colspan="2">安装工程费用</td><td>元</td><td>10643</td></tr>
<tr><td>三</td><td colspan="2">管廊本体设备购置费</td><td>元</td><td>13008</td></tr>
<tr><td>四</td><td colspan="2">工程建设其他费用</td><td>元</td><td>42798~45031</td></tr>
<tr><td>五</td><td colspan="2">基本预备费</td><td>元</td><td>32812~34524</td></tr>
<tr><td colspan="5">建筑安装工程费</td></tr>
<tr><td rowspan="17">直接费</td><td rowspan="3">人工费</td><td>建筑工程人工</td><td>工日</td><td>348.340~367.380</td></tr>
<tr><td>安装工程人工</td><td>工日</td><td>204.580~215.760</td></tr>
<tr><td>人工费小计</td><td>元</td><td>52284~55142</td></tr>
<tr><td rowspan="10">材料费</td><td>预拌混凝土</td><td>m³</td><td>49.110~53.390</td></tr>
<tr><td>预拌水下混凝土</td><td>m³</td><td>21.980~24.320</td></tr>
<tr><td>水泥</td><td>kg</td><td>22892.630</td></tr>
<tr><td>钢材</td><td>kg</td><td>10256.110~10954.360</td></tr>
<tr><td>木材</td><td>m³</td><td>0.080</td></tr>
<tr><td>黄砂</td><td>t</td><td>7.420~7.660</td></tr>
<tr><td>钢管及钢配件</td><td>kg</td><td>625~7000</td></tr>
<tr><td>其他材料费</td><td>元</td><td>4313~4549</td></tr>
<tr><td>材料费小计</td><td>元</td><td>130709~137855</td></tr>
<tr><td>机械费</td><td>元</td><td>33183~34997</td></tr>
<tr><td rowspan="3">机械费</td><td>机械费</td><td>元</td><td>33183~34997</td></tr>
<tr><td>其他机械费</td><td>元</td><td>1673~1765</td></tr>
<tr><td>机械费小计</td><td>元</td><td>34856~36762</td></tr>
<tr><td colspan="2">小计</td><td>元</td><td>217849~229759</td></tr>
<tr><td colspan="3">综合费用</td><td>元</td><td>54462~57440</td></tr>
<tr><td colspan="3">合 计</td><td>元</td><td>272311~287199</td></tr>
</table>

1.2 入廊电力管线

单位：m

<table>
<tr><td rowspan="3">序 号</td><td colspan="3">指 标 编 号</td><td>2Z-01</td></tr>
<tr><td colspan="2" rowspan="2">项 目</td><td rowspan="2">单位</td><td>10kV</td></tr>
<tr><td>3 × 120mm²</td></tr>
<tr><td></td><td colspan="2">指标基价</td><td>元</td><td>774</td></tr>
<tr><td>一</td><td colspan="2">建筑工程费用</td><td>元</td><td>—</td></tr>
<tr><td>二</td><td colspan="2">安装工程费用</td><td>元</td><td>619</td></tr>
<tr><td>三</td><td colspan="2">设备购置费</td><td>元</td><td>—</td></tr>
<tr><td>四</td><td colspan="2">工程建设其他费用</td><td>元</td><td>93</td></tr>
<tr><td>五</td><td colspan="2">基本预备费</td><td>元</td><td>62</td></tr>
<tr><td colspan="5">建筑安装工程费</td></tr>
<tr><td rowspan="9">直接费</td><td rowspan="2">人工费</td><td>安装工程人工</td><td>工日</td><td>0.220</td></tr>
<tr><td>人工费小计</td><td>元</td><td>11</td></tr>
<tr><td rowspan="5">材料费</td><td>电缆</td><td>m</td><td>1.010</td></tr>
<tr><td>电缆头支架</td><td>kg</td><td>0.430</td></tr>
<tr><td>电缆桥架</td><td>m</td><td>0.530</td></tr>
<tr><td>其他材料费</td><td>元</td><td>18</td></tr>
<tr><td>材料费小计</td><td>元</td><td>407</td></tr>
<tr><td>机械费</td><td>机械费</td><td>元</td><td>3</td></tr>
<tr><td colspan="2">小计</td><td>元</td><td>421</td></tr>
<tr><td colspan="3">综合费用</td><td>元</td><td>198</td></tr>
<tr><td colspan="3">合 计</td><td>元</td><td>619</td></tr>
</table>

单位：m

<table>
<tr><td rowspan="3">序 号</td><td colspan="3">指 标 编 号</td><td>2Z-02</td></tr>
<tr><td colspan="2" rowspan="2">项 目</td><td rowspan="2">单位</td><td>10kV</td></tr>
<tr><td>3 × 240mm²</td></tr>
<tr><td></td><td colspan="2">指标基价</td><td>元</td><td>1019</td></tr>
<tr><td>一</td><td colspan="2">建筑工程费用</td><td>元</td><td>—</td></tr>
<tr><td>二</td><td colspan="2">安装工程费用</td><td>元</td><td>815</td></tr>
<tr><td>三</td><td colspan="2">设备购置费</td><td>元</td><td>—</td></tr>
<tr><td>四</td><td colspan="2">工程建设其他费用</td><td>元</td><td>122</td></tr>
<tr><td>五</td><td colspan="2">基本预备费</td><td>元</td><td>82</td></tr>
<tr><td colspan="5">建筑安装工程费</td></tr>
<tr><td rowspan="9">直接费</td><td rowspan="2">人工费</td><td>安装工程人工</td><td>工日</td><td>0.257</td></tr>
<tr><td>人工费小计</td><td>元</td><td>13</td></tr>
<tr><td rowspan="5">材料费</td><td>电缆</td><td>m</td><td>1.010</td></tr>
<tr><td>电缆头支架</td><td>kg</td><td>0.430</td></tr>
<tr><td>电缆桥架</td><td>m</td><td>0.530</td></tr>
<tr><td>其他材料费</td><td>元</td><td>18</td></tr>
<tr><td>材料费小计</td><td>元</td><td>603</td></tr>
<tr><td>机械费</td><td>机械费</td><td>元</td><td>4</td></tr>
<tr><td colspan="2">小计</td><td>元</td><td>620</td></tr>
<tr><td colspan="3">综合费用</td><td>元</td><td>195</td></tr>
<tr><td colspan="3">合 计</td><td>元</td><td>815</td></tr>
</table>

单位：m

<table>
<tr><td rowspan="3">序　号</td><td colspan="3">指　标　编　号</td><td>2Z-03</td></tr>
<tr><td colspan="2" rowspan="2">项　　　目</td><td rowspan="2">单位</td><td>10kV</td></tr>
<tr><td>3×300mm²</td></tr>
<tr><td></td><td colspan="2">指标基价</td><td>元</td><td>1174</td></tr>
<tr><td>一</td><td colspan="2">建筑工程费用</td><td>元</td><td>—</td></tr>
<tr><td>二</td><td colspan="2">安装工程费用</td><td>元</td><td>939</td></tr>
<tr><td>三</td><td colspan="2">设备购置费</td><td>元</td><td>—</td></tr>
<tr><td>四</td><td colspan="2">工程建设其他费用</td><td>元</td><td>141</td></tr>
<tr><td>五</td><td colspan="2">基本预备费</td><td>元</td><td>94</td></tr>
<tr><td colspan="5">建筑安装工程费</td></tr>
<tr><td rowspan="9">直接费</td><td rowspan="2">人工费</td><td>安装工程人工</td><td>工日</td><td>0.284</td></tr>
<tr><td>人工费小计</td><td>元</td><td>14</td></tr>
<tr><td rowspan="5">材料费</td><td>电缆</td><td>m</td><td>1.010</td></tr>
<tr><td>电缆头支架</td><td>kg</td><td>0.430</td></tr>
<tr><td>电缆桥架</td><td>m</td><td>0.530</td></tr>
<tr><td>其他材料费</td><td>元</td><td>18</td></tr>
<tr><td>材料费小计</td><td>元</td><td>728</td></tr>
<tr><td>机械费</td><td>机械费</td><td>元</td><td>4</td></tr>
<tr><td colspan="2">小计</td><td>元</td><td>746</td></tr>
<tr><td colspan="3">综合费用</td><td>元</td><td>193</td></tr>
<tr><td colspan="3">合　　计</td><td>元</td><td>939</td></tr>
</table>

单位：m

<table>
<tr><td rowspan="3">序　号</td><td colspan="3">指　标　编　号</td><td>2Z-04</td></tr>
<tr><td colspan="2" rowspan="2">项　　　目</td><td rowspan="2">单位</td><td>10kV</td></tr>
<tr><td>3×400mm²</td></tr>
<tr><td></td><td colspan="2">指标基价</td><td>元</td><td>1200</td></tr>
<tr><td>一</td><td colspan="2">建筑工程费用</td><td>元</td><td>—</td></tr>
<tr><td>二</td><td colspan="2">安装工程费用</td><td>元</td><td>960</td></tr>
<tr><td>三</td><td colspan="2">设备购置费</td><td>元</td><td>—</td></tr>
<tr><td>四</td><td colspan="2">工程建设其他费用</td><td>元</td><td>144</td></tr>
<tr><td>五</td><td colspan="2">基本预备费</td><td>元</td><td>96</td></tr>
<tr><td colspan="5">建筑安装工程费</td></tr>
<tr><td rowspan="9">直接费</td><td rowspan="2">人工费</td><td>安装工程人工</td><td>工日</td><td>0.291</td></tr>
<tr><td>人工费小计</td><td>元</td><td>14</td></tr>
<tr><td rowspan="5">材料费</td><td>电缆</td><td>m</td><td>1.010</td></tr>
<tr><td>电缆头支架</td><td>kg</td><td>0.430</td></tr>
<tr><td>电缆桥架</td><td>m</td><td>0.530</td></tr>
<tr><td>其他材料费</td><td>元</td><td>18</td></tr>
<tr><td>材料费小计</td><td>元</td><td>758</td></tr>
<tr><td>机械费</td><td>机械费</td><td>元</td><td>5</td></tr>
<tr><td colspan="2">小计</td><td>元</td><td>777</td></tr>
<tr><td colspan="3">综合费用</td><td>元</td><td>183</td></tr>
<tr><td colspan="3">合　　计</td><td>元</td><td>960</td></tr>
</table>

单位：m

序号	指标编号			2Z-05
	项目		单位	20kV 3×120mm^2
	指标基价		元	826
一	建筑工程费用		元	—
二	安装工程费用		元	661
三	设备购置费		元	—
四	工程建设其他费用		元	99
五	基本预备费		元	66
建筑安装工程费				
直接费	人工费	安装工程人工	工日	0.220
		人工费小计	元	11
	材料费	电缆	m	1.010
		电缆头支架	kg	0.430
		电缆桥架	m	0.530
		其他材料费	元	18
		材料费小计	元	436
	机械费	机械费	元	3
	小计		元	450
综合费用			元	211
合计			元	661

单位：m

序号	指标编号			2Z-06
	项目		单位	20kV 3×300mm^2
	指标基价		元	1186
一	建筑工程费用		元	—
二	安装工程费用		元	949
三	设备购置费		元	—
四	工程建设其他费用		元	142
五	基本预备费		元	95
建筑安装工程费				
直接费	人工费	安装工程人工	工日	0.284
		人工费小计	元	14
	材料费	电缆	m	1.010
		电缆头支架	kg	0.430
		电缆桥架	m	0.530
		其他材料费	元	18
		材料费小计	元	736
	机械费	机械费	元	4
	小计		元	754
综合费用			元	195
合计			元	949

单位：m

序号	指标编号			2Z-07
	项目		单位	35kV 1×630mm²
	指标基价		元	606
一	建筑工程费用		元	—
二	安装工程费用		元	530
三	设备购置费		元	—
四	工程建设其他费用		元	23
五	基本预备费		元	53
建筑安装工程费				
直接费	人工费	安装工程人工	工日	0.164
		人工费小计	元	8
	材料费	电缆	m	1.000
		电缆头	套	0.004
		电缆头支架	kg	0.210
		电缆桥架	m	0.180
		其他材料费	元	30
		材料费小计	元	436
	机械费	机械费	元	21
	小计		元	465
综合费用			元	65
合计			元	530

单位：m

序号	指标编号			2Z-08
	项目		单位	35kV 3×300mm²
	指标基价		元	1313
一	建筑工程费用		元	—
二	安装工程费用		元	1129
三	设备购置费		元	—
四	工程建设其他费用		元	71
五	基本预备费		元	113
建筑安装工程费				
直接费	人工费	安装工程人工	工日	0.248
		人工费小计	元	12
	材料费	电缆	m	1.000
		电缆头	套	—
		电缆头支架	kg	0.430
		电缆桥架	m	0.530
		其他材料费	元	114
		材料费小计	元	852
	机械费	机械费	元	68
	小计		元	932
综合费用			元	197
合计			元	1129

单位：m

序号	指标编号			2Z-09
	项目		单位	35kV
				$3\times400mm^2$
	指标基价		元	1334
一	建筑工程费用		元	—
二	安装工程费用		元	1148
三	设备购置费		元	—
四	工程建设其他费用		元	71
五	基本预备费		元	115
建筑安装工程费				
直接费	人工费	安装工程人工	工日	0.248
		人工费小计	元	12
	材料费	电缆	m	1.000
		电缆头	套	—
		电缆头支架	kg	0.430
		电缆桥架	m	0.530
		其他材料费	元	114
		材料费小计	元	869
	机械费	机械费	元	69
	小计		元	950
综合费用			元	198
合计			元	1148

单位：m

序号	指标编号			2Z-10
	项目		单位	66kV
				$1\times1000mm^2$
	指标基价		元	1365
一	建筑工程费用		元	—
二	安装工程费用		元	1181
三	设备购置费		元	—
四	工程建设其他费用		元	66
五	基本预备费		元	118
建筑安装工程费				
直接费	人工费	安装工程人工	工日	0.229
		人工费小计	元	11
	材料费	电缆	m	1.000
		电缆头	套	0.006
		电缆头支架	kg	0.294
		电缆桥架	m	0.180
		电缆固定材料（金具等）	套	0.203
		其他材料费	元	126
		材料费小计	元	945
	机械费	机械费	元	28
	小计		元	984
综合费用			元	197
合计			元	1181

单位：m

序号	指标编号			2Z-11
	项目		单位	110kV 1×800mm²
	指标基价		元	1256
一	建筑工程费用		元	—
二	安装工程费用		元	1088
三	设备购置费		元	—
四	工程建设其他费用		元	59
五	基本预备费		元	109
建筑安装工程费				
直接费	人工费	安装工程人工	工日	0.187
		人工费小计	元	9
	材料费	电缆	m	1.000
		电缆头	套	0.006
		电缆头支架	kg	0.210
		电缆桥架	m	0.180
		电缆固定材料（金具等）	套	0.203
		其他材料费	元	100
		材料费小计	元	872
	机械费	机械费	元	26
	小计		元	907
综合费用			元	181
合计			元	1088

单位：m

序号	指标编号			2Z-12
	项目		单位	110kV 1×1000mm²
	指标基价		元	1456
一	建筑工程费用		元	—
二	安装工程费用		元	1256
三	设备购置费		元	—
四	工程建设其他费用		元	74
五	基本预备费		元	126
建筑安装工程费				
直接费	人工费	安装工程人工	工日	0.229
		人工费小计	元	11
	材料费	电缆	m	1.000
		电缆头	套	0.006
		电缆头支架	kg	0.294
		电缆桥架	m	0.180
		电缆固定材料（金具等）	套	0.203
		其他材料费	元	126
		材料费小计	元	1018
	机械费	机械费	元	28
	小计		元	1057
综合费用			元	199
合计			元	1256

单位：m

序号	指标编号		单位	2Z-13
	项目			110kV $1\times1200mm^2$
	指标基价		元	1536
一	建筑工程费用		元	—
二	安装工程费用		元	1335
三	设备购置费		元	—
四	工程建设其他费用		元	68
五	基本预备费		元	133
建筑安装工程费				
直接费	人工费	安装工程人工	工日	0.229
		人工费小计	元	11
	材料费	电缆	m	1.000
		电缆头	套	0.006
		电缆头支架	kg	0.294
		电缆桥架	m	0.180
		电缆固定材料（金具等）	套	0.203
		其他材料费	元	126
		材料费小计	元	1088
	机械费	机械费	元	28
	小计		元	1127
综合费用			元	208
合计			元	1335

单位：m

序号	指标编号		单位	2Z-14
	项目			220kV $1\times1000mm^2$
	指标基价		元	2051
一	建筑工程费用		元	—
二	安装工程费用		元	1785
三	设备购置费		元	—
四	工程建设其他费用		元	87
五	基本预备费		元	179
建筑安装工程费				
直接费	人工费	安装工程人工	工日	0.255
		人工费小计	元	12
	材料费	电缆	m	1.000
		电缆头	套	0.006
		电缆头支架	kg	0.294
		电缆桥架	m	0.180
		电缆固定材料（金具等）	套	0.203
		其他材料费	元	129
		材料费小计	元	1510
	机械费	机械费	元	32
	小计		元	1554
综合费用			元	231
合计			元	1785

单位：m

序号		项目	单位	2Z-15
				220kV
				$1\times1200mm^2$
		指标基价	元	2287
一		建筑工程费用	元	—
二		安装工程费用	元	1997
三		设备购置费	元	—
四		工程建设其他费用	元	90
五		基本预备费	元	200
建筑安装工程费				
直接费	人工费	安装工程人工	工日	0.255
		人工费小计	元	12
	材料费	电缆	m	1.000
		电缆头	套	0.006
		电缆头支架	kg	0.294
		电缆桥架	m	0.180
		电缆固定材料（金具等）	套	0.203
		其他材料费	元	129
		材料费小计	元	1701
	机械费	机械费	元	32
	小计		元	1745
综合费用			元	252
合计			元	1997

单位：m

序号		项目	单位	2Z-16
				220kV
				$1\times1600mm^2$
		指标基价	元	2790
一		建筑工程费用	元	—
二		安装工程费用	元	2433
三		设备购置费	元	—
四		工程建设其他费用	元	114
五		基本预备费	元	243
建筑安装工程费				
直接费	人工费	安装工程人工	工日	0.312
		人工费小计	元	15
	材料费	电缆	m	1.000
		电缆头	套	0.006
		电缆头支架	kg	0.294
		电缆桥架	m	0.180
		电缆固定材料（金具等）	套	0.203
		其他材料费	元	216
		材料费小计	元	2067
	机械费	机械费	元	37
	小计		元	2119
综合费用			元	314
合计			元	2433

单位：m

序号	指标编号			2Z-17
	项目		单位	220kV 1×2500mm²
	指标基价		元	3772
一	建筑工程费用		元	—
二	安装工程费用		元	3271
三	设备购置费		元	—
四	工程建设其他费用		元	174
五	基本预备费		元	327
建筑安装工程费				
直接费	人工费	安装工程人工	工日	0.431
		人工费小计	元	21
	材料费	电缆	m	1.000
		电缆头	套	0.007
		电缆头支架	kg	0.500
		电缆桥架	m	0.180
		电缆固定材料（金具等）	套	0.209
		其他材料费	元	441
		材料费小计	元	2748
	机械费	机械费	元	42
	小计		元	2811
综合费用			元	460
合计			元	3271

1.3 入廊信息通信管线

单位：km

序号	指标编号			3Z-01
	项目		单位	48芯光缆敷设
	指标基价		元	15377
一	建筑工程费用		元	—
二	安装工程费用		元	13324
三	设备购置费		元	—
四	工程建设其他费用		元	1366
五	基本预备费		元	687
建筑安装工程费				
直接费	人工费	建筑工程人工	工日	—
		安装工程人工	工日	26.690
		人工费小计	元	2331
	材料费	光缆	m	1036
		光缆接续器材	套	0.510
		其他材料费	元	272
		材料费小计	元	7232
	机械、仪表费	机械费	元	71
		仪表费	元	507
		机械、仪表费小计	元	578
	小计		元	10140
综合费用			元	3184
合计			元	13324

单位：km

序号		指标编号		3Z-02
		项目	单位	96芯光缆敷设
		指标基价	元	24085
一		建筑工程费用	元	—
二		安装工程费用	元	20869
三		设备购置费	元	—
四		工程建设其他费用	元	2139
五		基本预备费	元	1077
建筑安装工程费				
直接费	人工费	建筑工程人工	工日	—
		安装工程人工	工日	31.820
		人工费小计	元	2818
	材料费	光缆	m	1036
		光缆接续器材	套	0.510
		其他材料费	元	493
		材料费小计	元	13110
	机械、仪表费	机械费	元	130
		仪表费	元	924
		机械、仪表费小计	元	1054
	小计		元	16981
综合费用			元	3888
合计			元	20869

单位：km

序号		指标编号		3Z-03
		项目	单位	144芯光缆敷设
		指标基价	元	32501
一		建筑工程费用	元	—
二		安装工程费用	元	28161
三		设备购置费	元	—
四		工程建设其他费用	元	2887
五		基本预备费	元	1453
建筑安装工程费				
直接费	人工费	建筑工程人工	工日	—
		安装工程人工	工日	36.220
		人工费小计	元	3222
	材料费	光缆	m	1036
		光缆接续器材	套	0.510
		其他材料费	元	715
		材料费小计	元	18989
	机械、仪表费	机械费	元	172
		仪表费	元	1303
		机械、仪表费小计	元	1475
	小计		元	23686
综合费用			元	4475
合计			元	28161

单位：km

序号	指标编号			3Z-04
	项目		单位	288芯光缆敷设
	指标基价		元	52142
一	建筑工程费用		元	—
二	安装工程费用		元	45180
三	设备购置费		元	—
四	工程建设其他费用		元	4631
五	基本预备费		元	2331
建筑安装工程费				
直接费	人工费	建筑工程人工	工日	—
		安装工程人工	工日	42.420
		人工费小计	元	3843
	材料费	光缆	m	1036.00
		光缆接续器材	套	0.510
		其他材料费	元	1246
		材料费小计	元	33097
	机械、仪表费	机械费	元	378
		仪表费	元	2412
		机械、仪表费小计	元	2790
	小计		元	39729
综合费用			元	5451
合计			元	45180

单位：km

序号	指标编号			3Z-05
	项目		单位	100对电缆敷设
	指标基价		元	32184
一	建筑工程费用		元	—
二	安装工程费用		元	27886
三	设备购置费		元	—
四	工程建设其他费用		元	2859
五	基本预备费		元	1439
建筑安装工程费				
直接费	人工费	建筑工程人工	工日	—
		安装工程人工	工日	33.020
		人工费小计	元	2846
	材料费	电缆	m	1036
		电缆接续器材	套	1.010
		其他材料费	元	698.220
		材料费小计	元	21177
	机械、仪表费	机械费	元	—
		仪表费	元	48
		机械、仪表费小计	元	48
	小计		元	24071
综合费用			元	3815
合计			元	27886

单位：km

序号	指标编号			3Z-06
	项目		单位	200对电缆敷设
	指标基价		元	54474
一	建筑工程费用		元	—
二	安装工程费用		元	47200
三	设备购置费		元	—
四	工程建设其他费用		元	4839
五	基本预备费		元	2435
建筑安装工程费				
直接费	人工费	建筑工程人工	工日	—
		安装工程人工	工日	35.250
		人工费小计	元	3100
	材料费	电缆	m	1036
		电缆接续器材	套	1.010
		其他材料费	元	1315
		材料费小计	元	39898
	机械、仪表费	机械费	元	—
		仪表费	元	48
		机械、仪表费小计	元	48
	小计		元	43046
综合费用			元	4154
合计			元	47200

1.4 入廊燃气管线

单位：m

序号	指标编号			4Z-01
	项目		单位	钢管
				*DN*150
	指标基价		元	799
一	建筑工程费用		元	—
二	安装工程费用		元	631
三	设备购置费		元	—
四	工程建设其他费用		元	95
五	基本预备费		元	73
建筑安装工程费				
直接费	人工费	安装工程人工	工日	1.430
		人工费小计	元	130
	材料费	无缝钢管	m	1.010
		管件综合	个	0.040
		其他材料费	元	175
		材料费小计	元	312
	机械费	机械费	元	25
	小计		元	467
综合费用			元	164
合计			元	631

单位：m

序号	指标编号			4Z-02
	项目		单位	钢管
				*DN*200
	指标基价		元	986
一	建筑工程费用		元	—
二	安装工程费用		元	779
三	设备购置费		元	—
四	工程建设其他费用		元	117
五	基本预备费		元	90
建筑安装工程费				
直接费	人工费	安装工程人工	工日	1.580
		人工费小计	元	144
	材料费	无缝钢管	m	1.010
		管件综合	个	0.040
		其他材料费	元	191
		材料费小计	元	409
	机械费	机械费	元	27
	小计		元	580
综合费用			元	199
合计			元	779

单位：m

序号	指标编号			4Z-03
	项目		单位	钢管
				*DN*250
	指标基价		元	1205
一	建筑工程费用		元	—
二	安装工程费用		元	952
三	设备购置费		元	—
四	工程建设其他费用		元	143
五	基本预备费		元	110
建筑安装工程费				
直接费	人工费	安装工程人工	工日	1.720
		人工费小计	元	157
	材料费	无缝钢管	m	1.010
		管件综合	个	0.040
		其他材料费	元	211
		材料费小计	元	527
	机械费	机械费	元	28
	小计		元	712
综合费用			元	240
合计			元	952

单位：m

序号	指标编号			4Z-04
	项目		单位	钢管 DN300
	指标基价		元	1541
一	建筑工程费用		元	—
二	安装工程费用		元	1218
三	设备购置费		元	—
四	工程建设其他费用		元	183
五	基本预备费		元	140
建筑安装工程费				
直接费	人工费	安装工程人工	工日	1.920
		人工费小计	元	175
	材料费	无缝钢管	m	1.010
		管件综合	个	0.030
		其他材料费	元	240
		材料费小计	元	706
	机械费	机械费	元	34
	小计		元	915
综合费用			元	303
合计			元	1218

单位：m

序号	指标编号			4Z-05
	项目		单位	钢管 DN400
	指标基价		元	1800
一	建筑工程费用		元	—
二	安装工程费用		元	1423
三	设备购置费		元	—
四	工程建设其他费用		元	213
五	基本预备费		元	164
建筑安装工程费				
直接费	人工费	安装工程人工	工日	2.260
		人工费小计	元	206
	材料费	无缝钢管	m	1.010
		管件综合	个	0.030
		其他材料费	元	281
		材料费小计	元	821
	机械费	机械费	元	42
	小计		元	1069
综合费用			元	354
合计			元	1423

单位：m

序号	指标编号			4Z-06
	项目		单位	钢管 DN500
	指标基价		元	2435
一	建筑工程费用		元	—
二	安装工程费用		元	1925
三	设备购置费		元	—
四	工程建设其他费用		元	289
五	基本预备费		元	221
建筑安装工程费				
直接费	人工费	安装工程人工	工日	2.700
		人工费小计	元	246
	材料费	无缝钢管	m	1.010
		管件综合	个	0.030
		其他材料费	元	342
		材料费小计	元	1156
	机械费	机械费	元	50
	小计		元	1452
综合费用			元	473
合计			元	1925

单位：m

序号	指标编号			4Z-07
	项目		单位	钢管 DN600
	指标基价		元	3389
一	建筑工程费用		元	—
二	安装工程费用		元	2679
三	设备购置费		元	—
四	工程建设其他费用		元	402
五	基本预备费		元	308
建筑安装工程费				
直接费	人工费	安装工程人工	工日	3.040
		人工费小计	元	277
	材料费	无缝钢管	m	1.010
		管件综合	个	0.030
		其他材料费	元	384
		材料费小计	元	1699
	机械费	机械费	元	57
	小计		元	2033
综合费用			元	646
合计			元	2679

单位：m

序号		指标编号	单位	4Z-08
序号		项目	单位	钢管 DN700
		指标基价	元	4714
一		建筑工程费用	元	—
二		安装工程费用	元	3727
三		设备购置费	元	—
四		工程建设其他费用	元	559
五		基本预备费	元	428
建筑安装工程费				
直接费	人工费	安装工程人工	工日	3.410
		人工费小计	元	310
	材料费	无缝钢管	m	1.010
		管件综合	个	0.030
		其他材料费	元	477
		材料费小计	元	2467
	机械费	机械费	元	64
	小计		元	2841
综合费用			元	886
合　计			元	3727

单位：m

序号		指标编号	单位	4Z-09
序号		项目	单位	可燃气体报警系统
		指标基价	元	612
一		建筑工程费用	元	—
二		安装工程费用	元	484
三		设备购置费	元	—
四		工程建设其他费用	元	72
五		基本预备费	元	56
建筑安装工程费				
直接费	人工费	安装工程人工	工日	0.640
		人工费小计	元	58
	材料费	可燃气体检测探头	个	0.110
		镀锌钢管 20	m	3.090
		电力电缆 NH-YJV-3×2.5	m	1.060
		控制电缆 NH-KVV-4×1.5	m	1.060
		控制电缆 NH-KVVP-4×1.5	m	1.060
		其他材料费	元	116
		材料费小计	元	306
	机械费	机械费	元	4
	小计		元	368
综合费用			元	116
合　计			元	484

1.5 入廊热力管线

单位：m

序号	指标编号			5Z-01
	项目		单位	钢管
				*DN*300
	指标基价		元	4108
一	建筑工程费用		元	—
二	安装工程费用		元	3247
三	设备购置费		元	—
四	工程建设其他费用		元	487
五	基本预备费		元	374
建筑安装工程费				
直接费	人工费	安装工程人工	工日	6.250
		人工费小计	元	569
	材料费	钢管	m	2.020
		管件综合（含弯头、三通、补偿器、阀门）	个	0.030
		高温玻璃棉管壳	m^3	0.190
		镀锌铁皮	m^2	3.770
		其他材料费	元	712
		材料费小计	元	1783
	机械费	机械费	元	69
	小计		元	2421
综合费用			元	826
合计			元	3247

单位：m

序号	指标编号			5Z-02
	项目		单位	钢管
				*DN*350
	指标基价		元	4603
一	建筑工程费用		元	—
二	安装工程费用		元	3638
三	设备购置费		元	—
四	工程建设其他费用		元	546
五	基本预备费		元	419
建筑安装工程费				
直接费	人工费	安装工程人工	工日	6.860
		人工费小计	元	624
	材料费	钢管	m	2.020
		管件综合（含弯头、三通、补偿器、阀门）	个	0.030
		高温玻璃棉管壳	m^3	0.220
		镀锌铁皮	m^2	4.180
		其他材料费	元	784
		材料费小计	元	2010
	机械费	机械费	元	80
	小计		元	2714
综合费用			元	924
合计			元	3638

单位：m

序号	项目		单位	5Z-03 钢管 DN400
	指标基价		元	5362
一	建筑工程费用		元	—
二	安装工程费用		元	4239
三	设备购置费		元	—
四	工程建设其他费用		元	636
五	基本预备费		元	487
建筑安装工程费				
直接费	人工费	安装工程人工	工日	8.010
		人工费小计	元	729
	材料费	钢管	m	2.020
		管件综合（含弯头、三通、补偿器、阀门）	个	0.030
		高温玻璃棉管壳	m^3	0.280
		镀锌铁皮	m^2	4.730
		其他材料费	元	928
		材料费小计	元	2342
	机械费	机械费	元	92
	小计		元	3163
综合费用			元	1076
合计			元	4239

单位：m

序号	项目		单位	5Z-04 钢管 DN450
	指标基价		元	6021
一	建筑工程费用		元	—
二	安装工程费用		元	4760
三	设备购置费		元	—
四	工程建设其他费用		元	714
五	基本预备费		元	547
建筑安装工程费				
直接费	人工费	安装工程人工	工日	8.850
		人工费小计	元	805
	材料费	钢管	m	2.020
		管件综合（含弯头、三通、补偿器、阀门）	个	0.030
		高温玻璃棉管壳	m^3	0.310
		镀锌铁皮	m^2	5.140
		其他材料费	元	1022
		材料费小计	元	2646
	机械费	机械费	元	103
	小计		元	3554
综合费用			元	1206
合计			元	4760

单位：m

序号	指标编号			5Z-05
	项目		单位	钢管
				DN500
	指标基价		元	6998
一	建筑工程费用		元	—
二	安装工程费用		元	5532
三	设备购置费		元	—
四	工程建设其他费用		元	830
五	基本预备费		元	636
建筑安装工程费				
直接费	人工费	安装工程人工	工日	10.120
		人工费小计	元	921
	材料费	钢管	m	2.020
		管件综合（含弯头、三通、补偿器、阀门）	个	0.030
		高温玻璃棉管壳	m^3	0.390
		镀锌铁皮	m^2	5.710
		其他材料费	元	1180
		材料费小计	元	3099
	机械费	机械费	元	116
	小计		元	4136
综合费用			元	1396
合计			元	5532

单位：m

序号	指标编号			5Z-06
	项目		单位	钢管
				DN600
	指标基价		元	8706
一	建筑工程费用		元	—
二	安装工程费用		元	6882
三	设备购置费		元	—
四	工程建设其他费用		元	1032
五	基本预备费		元	792
建筑安装工程费				
直接费	人工费	安装工程人工	工日	11.930
		人工费小计	元	1086
	材料费	钢管	m	2.020
		管件综合（含弯头、三通、补偿器、阀门）	个	0.020
		高温玻璃棉管壳	m^3	0.510
		镀锌铁皮	m^2	6.660
		其他材料费	元	1408
		材料费小计	元	3932
	机械费	机械费	元	137
	小计		元	5155
综合费用			元	1727
合计			元	6882

单位：m

序号	项目		单位	5Z-07
序号	指标编号			5Z-07
	项目		单位	钢管 DN700
	指标基价		元	9959
一	建筑工程费用		元	—
二	安装工程费用		元	7873
三	设备购置费		元	—
四	工程建设其他费用		元	1181
五	基本预备费		元	905
建筑安装工程费				
直接费	人工费	安装工程人工	工日	13.330
		人工费小计	元	1213
	材料费	钢管	m	2.020
		管件综合（含弯头、三通、补偿器、阀门）	个	0.020
		高温玻璃棉管壳	m^3	0.570
		镀锌铁皮	m^2	7.370
		其他材料费	元	1571
		材料费小计	元	4532
	机械费	机械费	元	155
	小计		元	5900
综合费用			元	1973
合计			元	7873

单位：m

序号	项目		单位	5Z-08
序号	指标编号			5Z-08
	项目		单位	钢管 DN800
	指标基价		元	12386
一	建筑工程费用		元	—
二	安装工程费用		元	9792
三	设备购置费		元	—
四	工程建设其他费用		元	1468
五	基本预备费		元	1126
建筑安装工程费				
直接费	人工费	安装工程人工	工日	15.240
		人工费小计	元	1387
	材料费	钢管	m	2.020
		管件综合（含弯头、三通、补偿器、阀门）	个	0.020
		高温玻璃棉管壳	m^3	0.710
		镀锌铁皮	m^2	8.320
		其他材料费	元	1857
		材料费小计	元	5795
	机械费	机械费	元	178
	小计		元	7360
综合费用			元	2432
合计			元	9792

单位：m

序号	指标编号		单位	5Z-09
	项目			钢管
				DN900
	指标基价		元	14015
一	建筑工程费用		元	—
二	安装工程费用		元	11079
三	设备购置费		元	—
四	工程建设其他费用		元	1662
五	基本预备费		元	1274
建筑安装工程费				
直接费	人工费	安装工程人工	工日	17.360
		人工费小计	元	1580
	材料费	钢管	m	2.020
		管件综合（含弯头、三通、补偿器、阀门）	个	0.020
		高温玻璃棉管壳	m^3	0.870
		镀锌铁皮	m^2	9.270
		其他材料费	元	2132
		材料费小计	元	6542
	机械费	机械费	元	204
	小计		元	8326
综合费用			元	2753
合计			元	11079

单位：m

序号	指标编号		单位	5Z-10
	项目			钢管
				DN1000
	指标基价		元	15645
一	建筑工程费用		元	—
二	安装工程费用		元	12368
三	设备购置费		元	—
四	工程建设其他费用		元	1855
五	基本预备费		元	1422
建筑安装工程费				
直接费	人工费	安装工程人工	工日	18.940
		人工费小计	元	1724
	材料费	钢管	m	2.020
		管件综合（含弯头、三通、补偿器、阀门）	个	0.020
		高温玻璃棉管壳	m^3	0.950
		镀锌铁皮	m^2	10.060
		其他材料费	元	2351
		材料费小计	元	7351
	机械费	机械费	元	227
	小计		元	9302
综合费用			元	3066
合计			元	12368

1.6 入廊给水管线

单位：m

序号		指标编号		6Z-01
	项目		单位	钢管 DN200
	指标基价		元	389
一	建筑工程费用		元	—
二	安装工程费用		元	308
三	设备购置费		元	—
四	工程建设其他费用		元	46
五	基本预备费		元	35
建筑安装工程费				
直接费	人工费	安装工程人工	工日	0.290
		人工费小计	元	25
	材料费	钢管	m	1.010
		其他材料费	元	41
		材料费小计	元	217
	机械费	机械费	元	4
	小计		元	246
综合费用			元	62
合计			元	308

单位：m

序号		指标编号		6Z-02
	项目		单位	钢管 DN300
	指标基价		元	666
一	建筑工程费用		元	—
二	安装工程费用		元	526
三	设备购置费		元	—
四	工程建设其他费用		元	79
五	基本预备费		元	61
建筑安装工程费				
直接费	人工费	安装工程人工	工日	0.400
		人工费小计	元	35
	材料费	钢管	m	1.010
		其他材料费	元	68
		材料费小计	元	375
	机械费	机械费	元	11
	小计		元	421
综合费用			元	105
合计			元	526

单位：m

<table>
<tr><td rowspan="3">序 号</td><td colspan="2">指 标 编 号</td><td></td><td>6Z-03</td></tr>
<tr><td colspan="2" rowspan="2">项 目</td><td rowspan="2">单位</td><td>钢管</td></tr>
<tr><td>DN400</td></tr>
<tr><td></td><td colspan="2">指标基价</td><td>元</td><td>880</td></tr>
<tr><td>一</td><td colspan="2">建筑工程费用</td><td>元</td><td>—</td></tr>
<tr><td>二</td><td colspan="2">安装工程费用</td><td>元</td><td>696</td></tr>
<tr><td>三</td><td colspan="2">设备购置费</td><td>元</td><td>—</td></tr>
<tr><td>四</td><td colspan="2">工程建设其他费用</td><td>元</td><td>104</td></tr>
<tr><td>五</td><td colspan="2">基本预备费</td><td>元</td><td>80</td></tr>
<tr><td colspan="5">建筑安装工程费</td></tr>
<tr><td rowspan="7">直接费</td><td rowspan="2">人工费</td><td>安装工程人工</td><td>工日</td><td>0.540</td></tr>
<tr><td>人工费小计</td><td>元</td><td>47</td></tr>
<tr><td rowspan="3">材料费</td><td>钢管</td><td>m</td><td>1.010</td></tr>
<tr><td>其他材料费</td><td>元</td><td>91</td></tr>
<tr><td>材料费小计</td><td>元</td><td>495</td></tr>
<tr><td>机械费</td><td>机械费</td><td>元</td><td>15</td></tr>
<tr><td colspan="2">小计</td><td>元</td><td>557</td></tr>
<tr><td colspan="3">综合费用</td><td>元</td><td>139</td></tr>
<tr><td colspan="3">合 计</td><td>元</td><td>696</td></tr>
</table>

单位：m

<table>
<tr><td rowspan="3">序 号</td><td colspan="2">指 标 编 号</td><td></td><td>6Z-04</td></tr>
<tr><td colspan="2" rowspan="2">项 目</td><td rowspan="2">单位</td><td>钢管</td></tr>
<tr><td>DN500</td></tr>
<tr><td></td><td colspan="2">指标基价</td><td>元</td><td>1119</td></tr>
<tr><td>一</td><td colspan="2">建筑工程费用</td><td>元</td><td>—</td></tr>
<tr><td>二</td><td colspan="2">安装工程费用</td><td>元</td><td>884</td></tr>
<tr><td>三</td><td colspan="2">设备购置费</td><td>元</td><td>—</td></tr>
<tr><td>四</td><td colspan="2">工程建设其他费用</td><td>元</td><td>133</td></tr>
<tr><td>五</td><td colspan="2">基本预备费</td><td>元</td><td>102</td></tr>
<tr><td colspan="5">建筑安装工程费</td></tr>
<tr><td rowspan="7">直接费</td><td rowspan="2">人工费</td><td>安装工程人工</td><td>工日</td><td>0.770</td></tr>
<tr><td>人工费小计</td><td>元</td><td>67</td></tr>
<tr><td rowspan="3">材料费</td><td>钢管</td><td>m</td><td>1.010</td></tr>
<tr><td>其他材料费</td><td>元</td><td>118</td></tr>
<tr><td>材料费小计</td><td>元</td><td>621</td></tr>
<tr><td>机械费</td><td>机械费</td><td>元</td><td>19</td></tr>
<tr><td colspan="2">小计</td><td>元</td><td>707</td></tr>
<tr><td colspan="3">综合费用</td><td>元</td><td>177</td></tr>
<tr><td colspan="3">合 计</td><td>元</td><td>884</td></tr>
</table>

单位：m

序号	指标编号		单位	6Z-05
	项目			钢管
				*DN*600
	指标基价		元	1474
一	建筑工程费用		元	—
二	安装工程费用		元	1165
三	设备购置费		元	—
四	工程建设其他费用		元	175
五	基本预备费		元	134
建筑安装工程费				
直接费	人工费	安装工程人工	工日	0.790
		人工费小计	元	69
	材料费	钢管	m	1.010
		其他材料费	元	156
		材料费小计	元	842
	机械费	机械费	元	21
	小计		元	932
综合费用			元	233
合计			元	1165

单位：m

序号	指标编号		单位	6Z-06
	项目			钢管
				*DN*700
	指标基价		元	1708
一	建筑工程费用		元	—
二	安装工程费用		元	1350
三	设备购置费		元	—
四	工程建设其他费用		元	203
五	基本预备费		元	155
建筑安装工程费				
直接费	人工费	安装工程人工	工日	0.930
		人工费小计	元	81
	材料费	钢管	m	1.010
		其他材料费	元	185
		材料费小计	元	971
	机械费	机械费	元	28
	小计		元	1080
综合费用			元	270
合计			元	1350

单位：m

序号	指标编号			6Z-07
	项目		单位	钢管
				*DN*800
	指标基价		元	2339
一	建筑工程费用		元	—
二	安装工程费用		元	1849
三	设备购置费		元	—
四	工程建设其他费用		元	277
五	基本预备费		元	213
建筑安装工程费				
直接费	人工费	安装工程人工	工日	1.050
		人工费小计	元	91
	材料费	钢管	m	1.010
		其他材料费	元	240
		材料费小计	元	1357
	机械费	机械费	元	31
	小计		元	1479
综合费用			元	370
合计			元	1849

单位：m

序号	指标编号			6Z-08
	项目		单位	钢管
				*DN*900
	指标基价		元	2641
一	建筑工程费用		元	—
二	安装工程费用		元	2087
三	设备购置费		元	—
四	工程建设其他费用		元	313
五	基本预备费		元	241
建筑安装工程费				
直接费	人工费	安装工程人工	工日	1.180
		人工费小计	元	103
	材料费	钢管	m	1.010
		其他材料费	元	277
		材料费小计	元	1532
	机械费	机械费	元	35
	小计		元	1670
综合费用			元	417
合计			元	2087

单位：m

序号		指标编号	单位	6Z-09
	项目			钢管 DN1000
	指标基价		元	3020
一	建筑工程费用		元	—
二	安装工程费用		元	2387
三	设备购置费		元	—
四	工程建设其他费用		元	358
五	基本预备费		元	275
建筑安装工程费				
直接费	人工费	安装工程人工	工日	1.660
		人工费小计	元	144
	材料费	钢管	m	1.010
		其他材料费	元	323
		材料费小计	元	1716
	机械费	机械费	元	50
	小计		元	1910
综合费用			元	477
合计			元	2387

单位：m

序号		指标编号	单位	6Z-10
	项目			球墨铸铁管 DN200
	指标基价		元	347
一	建筑工程费用		元	—
二	安装工程费用		元	274
三	设备购置费		元	—
四	工程建设其他费用		元	41
五	基本预备费		元	32
建筑安装工程费				
直接费	人工费	安装工程人工	工日	0.240
		人工费小计	元	21
	材料费	球墨铸铁管	m	1.010
		橡胶圈	个	2.060
		其他材料费	元	35
		材料费小计	元	197
	机械费	机械费	元	1
	小计		元	219
综合费用			元	55
合计			元	274

单位：m

序号	指标编号			6Z-11
	项目		单位	球墨铸铁管 DN300
	指标基价		元	565
一	建筑工程费用		元	—
二	安装工程费用		元	447
三	设备购置费		元	—
四	工程建设其他费用		元	67
五	基本预备费		元	51
建筑安装工程费				
直接费	人工费	安装工程人工	工日	0.250
		人工费小计	元	22
	材料费	球墨铸铁管	m	1.010
		橡胶圈	个	2.060
		其他材料费	元	55
		材料费小计	元	330
	机械费	机械费	元	5
	小计		元	357
综合费用			元	90
合计			元	447

单位：m

序号	指标编号			6Z-12
	项目		单位	球墨铸铁管 DN400
	指标基价		元	828
一	建筑工程费用		元	—
二	安装工程费用		元	655
三	设备购置费		元	—
四	工程建设其他费用		元	98
五	基本预备费		元	75
建筑安装工程费				
直接费	人工费	安装工程人工	工日	0.340
		人工费小计	元	30
	材料费	球墨铸铁管	m	1.010
		橡胶圈	个	2.060
		其他材料费	元	80
		材料费小计	元	488
	机械费	机械费	元	7
	小计		元	525
综合费用			元	130
合计			元	655

单位：m

序号	指标编号		单位	6Z-13
	项目			球墨铸铁管
				DN500
	指标基价		元	1145
一	建筑工程费用		元	—
二	安装工程费用		元	905
三	设备购置费		元	—
四	工程建设其他费用		元	136
五	基本预备费		元	104
建筑安装工程费				
直接费	人工费	安装工程人工	工日	0.410
		人工费小计	元	36
	材料费	球墨铸铁管	m	1.01 0
		橡胶圈	个	2.060
		其他材料费	元	110
		材料费小计	元	680
	机械费	机械费	元	8
	小计		元	724
综合费用			元	181
合　计			元	905

单位：m

序号	指标编号		单位	6Z-14
	项目			球墨铸铁管
				DN600
	指标基价		元	1494
一	建筑工程费用		元	—
二	安装工程费用		元	1181
三	设备购置费		元	—
四	工程建设其他费用		元	177
五	基本预备费		元	136
建筑安装工程费				
直接费	人工费	安装工程人工	工日	0.480
		人工费小计	元	42
	材料费	球墨铸铁管	m	1.010
		橡胶圈	个	2.060
		其他材料费	元	144
		材料费小计	元	891
	机械费	机械费	元	12
	小计		元	945
综合费用			元	236
合　计			元	1181

单位：m

<table>
<tr><td rowspan="4">序 号</td><td colspan="3">指 标 编 号</td><td>6Z-15</td></tr>
<tr><td colspan="2" rowspan="2">项 目</td><td rowspan="2">单位</td><td>球墨铸铁管</td></tr>
<tr><td>DN700</td></tr>
<tr><td colspan="2">指标基价</td><td>元</td><td>1913</td></tr>
<tr><td>一</td><td colspan="2">建筑工程费用</td><td>元</td><td>—</td></tr>
<tr><td>二</td><td colspan="2">安装工程费用</td><td>元</td><td>1512</td></tr>
<tr><td>三</td><td colspan="2">设备购置费</td><td>元</td><td>—</td></tr>
<tr><td>四</td><td colspan="2">工程建设其他费用</td><td>元</td><td>227</td></tr>
<tr><td>五</td><td colspan="2">基本预备费</td><td>元</td><td>174</td></tr>
<tr><td colspan="5">建筑安装工程费</td></tr>
<tr><td rowspan="8">直接费</td><td rowspan="2">人工费</td><td>安装工程人工</td><td>工日</td><td>0.660</td></tr>
<tr><td>人工费小计</td><td>元</td><td>57</td></tr>
<tr><td rowspan="4">材料费</td><td>球墨铸铁管</td><td>m</td><td>1.010</td></tr>
<tr><td>橡胶圈</td><td>个</td><td>2.060</td></tr>
<tr><td>其他材料费</td><td>元</td><td>189</td></tr>
<tr><td>材料费小计</td><td>元</td><td>1138</td></tr>
<tr><td>机械费</td><td>机械费</td><td>元</td><td>15</td></tr>
<tr><td colspan="2">小计</td><td>元</td><td>1210</td></tr>
<tr><td colspan="3">综合费用</td><td>元</td><td>302</td></tr>
<tr><td colspan="3">合 计</td><td>元</td><td>1512</td></tr>
</table>

单位：m

<table>
<tr><td rowspan="4">序 号</td><td colspan="3">指 标 编 号</td><td>6Z-16</td></tr>
<tr><td colspan="2" rowspan="2">项 目</td><td rowspan="2">单位</td><td>球墨铸铁管</td></tr>
<tr><td>DN800</td></tr>
<tr><td colspan="2">指标基价</td><td>元</td><td>2332</td></tr>
<tr><td>一</td><td colspan="2">建筑工程费用</td><td>元</td><td>—</td></tr>
<tr><td>二</td><td colspan="2">安装工程费用</td><td>元</td><td>1843</td></tr>
<tr><td>三</td><td colspan="2">设备购置费</td><td>元</td><td>—</td></tr>
<tr><td>四</td><td colspan="2">工程建设其他费用</td><td>元</td><td>277</td></tr>
<tr><td>五</td><td colspan="2">基本预备费</td><td>元</td><td>212</td></tr>
<tr><td colspan="5">建筑安装工程费</td></tr>
<tr><td rowspan="8">直接费</td><td rowspan="2">人工费</td><td>安装工程人工</td><td>工日</td><td>0.680</td></tr>
<tr><td>人工费小计</td><td>元</td><td>59</td></tr>
<tr><td rowspan="4">材料费</td><td>球墨铸铁管</td><td>m</td><td>1.010</td></tr>
<tr><td>橡胶圈</td><td>个</td><td>2.060</td></tr>
<tr><td>其他材料费</td><td>元</td><td>225</td></tr>
<tr><td>材料费小计</td><td>元</td><td>1400</td></tr>
<tr><td>机械费</td><td>机械费</td><td>元</td><td>15</td></tr>
<tr><td colspan="2">小计</td><td>元</td><td>1474</td></tr>
<tr><td colspan="3">综合费用</td><td>元</td><td>369</td></tr>
<tr><td colspan="3">合 计</td><td>元</td><td>1843</td></tr>
</table>

单位：m

序号	指标编号			6Z-17
	项目		单位	球墨铸铁管
				DN900
	指标基价		元	2857
一	建筑工程费用		元	—
二	安装工程费用		元	2258
三	设备购置费		元	—
四	工程建设其他费用		元	339
五	基本预备费		元	260
建筑安装工程费				
直接费	人工费	安装工程人工	工日	0.830
		人工费小计	元	72
	材料费	球墨铸铁管	m	1.010
		橡胶圈	个	2.060
		其他材料费	元	280
		材料费小计	元	1718
	机械费	机械费	元	17
	小计		元	1807
综合费用			元	451
合计			元	2258

单位：m

序号	指标编号			6Z-18
	项目		单位	球墨铸铁管
				DN1000
	指标基价		元	3362
一	建筑工程费用		元	—
二	安装工程费用		元	2657
三	设备购置费		元	—
四	工程建设其他费用		元	399
五	基本预备费		元	306
建筑安装工程费				
直接费	人工费	安装工程人工	工日	0.890
		人工费小计	元	77
	材料费	球墨铸铁管	m	1.010
		橡胶圈	个	2.060
		其他材料费	元	324
		材料费小计	元	2024
	机械费	机械费	元	25
	小计		元	2126
综合费用			元	531
合计			元	2657

2 分项指标

说 明

分项指标按照不同构筑物分为现浇明挖标准段、吊装口、通风口、管线分支口、人员出入口、交叉口、端部井、分变电所、倒虹段和其他等指标，内容包括：土方工程、钢筋混凝土工程、降水、围护结构和地基处理等。分项指标内列出了工程特征，当自然条件相差较大，设计标准不同时，可按工程量进行调整。

2.1 标 准 段

单位：m

<table>
<tr><td>指标编号</td><td colspan="2">1F-01</td><td>构筑物名称</td><td colspan="2">标准段 2 舱</td></tr>
<tr><td colspan="6">结构特征：结构内径（2.700+2.600）m × 3.6m，底板厚 400mm，外壁厚 350mm，顶板厚 300mm</td></tr>
<tr><td>建筑体积</td><td colspan="2">19.080m³</td><td>混凝土体积</td><td colspan="2">7.890m³</td></tr>
<tr><td rowspan="2">项目</td><td rowspan="2">单位</td><td rowspan="2">构筑物</td><td rowspan="2">占指标基价的百分比</td><td colspan="2">折合指标</td></tr>
<tr><td>建筑体积（元 /m³）</td><td>混凝土体积（元 /m³）</td></tr>
<tr><td>1. 指标基价</td><td>元</td><td>54935</td><td>100%</td><td>2879</td><td>6963</td></tr>
<tr><td>2. 建筑安装工程费</td><td>元</td><td>44567</td><td>81.130%</td><td>2336</td><td>5649</td></tr>
<tr><td>2.1 建筑工程费</td><td>元</td><td>40509</td><td>73.740%</td><td>2123</td><td>5134</td></tr>
<tr><td>2.2 安装工程费</td><td>元</td><td>4058</td><td>7.390%</td><td>213</td><td>514</td></tr>
<tr><td>3. 设备购置费</td><td>元</td><td>10368</td><td>18.870%</td><td>543</td><td>1314</td></tr>
<tr><td>3.1 给排水消防</td><td>元</td><td>1518</td><td>2.760%</td><td>80</td><td>192</td></tr>
<tr><td>3.2 电气工程</td><td>元</td><td>3202</td><td>5.830%</td><td>168</td><td>406</td></tr>
<tr><td>3.3 管廊监测</td><td>元</td><td>5406</td><td>9.840%</td><td>283</td><td>685</td></tr>
<tr><td>3.4 通风工程</td><td>元</td><td>242</td><td>0.440%</td><td>13</td><td>31</td></tr>
</table>

<table>
<tr><td colspan="8">土建主要工程数量和主要工料数量</td></tr>
<tr><td colspan="4">主要工程数量</td><td colspan="4">主要工料数量</td></tr>
<tr><td>项目</td><td>单位</td><td>数量</td><td>建筑体积指标（每 m³）</td><td>项目</td><td>单位</td><td>数量</td><td>建筑体积指标（每 m³）</td></tr>
<tr><td rowspan="2">土方开挖</td><td rowspan="2">m³</td><td rowspan="2">91.500</td><td rowspan="2">4.796</td><td>土建人工</td><td>工日</td><td>80.840</td><td>4.237</td></tr>
<tr><td>预拌混凝土</td><td>m³</td><td>8.006</td><td>0.420</td></tr>
<tr><td>混凝土垫层</td><td>m³</td><td>0.645</td><td>0.034</td><td>钢材</td><td>t</td><td>1.477</td><td>0.077</td></tr>
<tr><td rowspan="2">钢筋混凝土底板</td><td rowspan="2">m³</td><td rowspan="2">2.547</td><td rowspan="2">0.134</td><td>木材</td><td>m³</td><td>0.080</td><td>0.004</td></tr>
<tr><td>黄砂</td><td>t</td><td>0.338</td><td>0.018</td></tr>
<tr><td>钢筋混凝土侧墙</td><td>m³</td><td>3.630</td><td>0.190</td><td>碎（砾）石</td><td>t</td><td>0.769</td><td>0.040</td></tr>
<tr><td rowspan="2">钢筋混凝土顶板</td><td rowspan="2">m³</td><td rowspan="2">1.710</td><td rowspan="2">0.090</td><td>其他材料费</td><td>元</td><td>6866.670</td><td>359.890</td></tr>
<tr><td>机械使用费</td><td>元</td><td>3673.380</td><td>192.530</td></tr>
<tr><td colspan="8">设备主要数量（1952m）</td></tr>
<tr><td colspan="4">项目及规格</td><td>单位</td><td colspan="3">数量</td></tr>
<tr><td colspan="8">一、给排水消防</td></tr>
<tr><td colspan="4">超细干粉自动灭火装置 悬挂式 每台充装量 7kg</td><td>套</td><td colspan="3">569</td></tr>
</table>

续前

项目及规格	单位	数量
潜水排污泵 Q=25m³/h H=12m N=2.2kW	套	48
潜水排污泵 Q=25m³/h H=14m N=3kW	套	12
二、电气工程		
地埋式成套变压器柜	台	1
低压配电柜	台	3
低压配电控制柜 AP	只	12
应急电源屏 EPS	台	13
照明配电控制柜 AL	只	12
排水泵控制箱	只	48
三、管廊监测		
核心环境交换机	只	1
信息汇聚柜	套	1
感温光缆测湿主机箱	套	1
现场自控柜 ACU	套	12
氧气监测仪表	套	25
温湿度检测仪	套	25
爆管检测液位开关	套	47
低照度网络摄像机	套	127
安防通信箱	只	88
微波红外复合式入侵探测器	套	82
声光报警器	套	227
巡更点前端设备	批	1
手持数据采集器	批	1
火灾报警控制柜	套	1
现场消防柜	套	12
现场模块柜	套	12
智能型烟感	套	232
防火监控模块	套	12
门磁开关	套	12
短路隔离器箱	套	22
四、通风工程		
排风机、送风机	台	42
电动排烟防火阀	个	40

单位：m

指标编号	1F-02		构筑物名称	标准段 3 舱	
结构特征：结构内径（2.700+1.900+2.700）m × 3.500m，底板厚 450mm，外壁厚 350mm，顶板厚 400mm					
建筑体积	25.550m^3		混凝土体积	11.550m^3	
项目	单位	构筑物	占指标基价的百分比	折合指标	
				建筑体积（元 /m^3）	混凝土体积（元 /m^3）
1. 指标基价	元	68323	100%	2674	5915
2. 建筑安装工程费	元	61479	89.980%	2406	5323
2.1 建筑工程费	元	57990	84.880%	2270	5021
2.2 安装工程费	元	3489	5.110%	137	302
3. 设备购置费	元	6844	10.020%	268	593
3.1 给排水消防	元	1894	2.770%	74	164
3.2 电气工程	元	1434	2.100%	56	124
3.3 管廊监测	元	3154	4.620%	123	273
3.4 通风工程	元	363	0.530%	14	31

土建主要工程数量和主要工料数量

主要工程数量				主要工料数量			
项目	单位	数量	建筑体积指标（每 m^3）	项目	单位	数量	建筑体积指标（每 m^3）
土方开挖	m^3	71.550	2.800	土建人工	工日	106.965	4.186
混凝土垫层	m^3	1.470	0.058	预拌混凝土	m^3	11.781	0.461
				钢材	t	1.785	0.070
钢筋混凝土底板	m^3	3.910	0.153	木材	m^3	0.060	0.002
钢筋混凝土侧墙	m^3	4.480	0.175	黄砂	t	25.321	0.991
				其他材料费	元	5218.360	204.240
钢筋混凝土顶板	m^3	3.160	0.124	机械使用费	元	4316.380	168.940

设备主要数量（1029m）

项目及规格	单位	数量
一、给排水消防		
超细干粉自动灭火装置 悬挂式 每台充装量 10kg	套	59

续前

潜水排污泵 Q=30m^3/h H=20m N=4kW	套	45
二、电气工程		
负荷开关柜	台	6
变压器	台	2
分变电所总配电柜	台	6
配电控制柜	台	12
照明配电箱	台	12
排水泵控制箱	台	45
三、管廊监测		
现场自控箱	套	6
温湿度监测仪	套	19
氧气监测仪	套	19
网络摄像机	套	40
视频电源	台	6
红外对射装置	个	64
离线巡查点	个	20
网络硬盘录像机	台	2
现场消防箱	只	5
智能型烟感	套	80
声光报警器	套	45
消防联动控制柜	只	1
隔离模块	只	10
交换机	台	1
可燃气体控制器	台	5
可燃气体报警探测仪	只	81
常闭单门控制器	台	10
四、通风工程		
排风机、送风机	台	24
电动排烟防火阀	个	24
电动百叶窗	个	24

单位：m

<table>
<tr><td>指标编号</td><td colspan="2">1F-03</td><td>构筑物名称</td><td colspan="2">标准段 3 舱</td></tr>
<tr><td colspan="6">结构特征：结构内径（2.000+3.000+5.800）m×3.500m，底板厚 600mm，外壁厚 500mm，顶板厚 600mm</td></tr>
<tr><td>建筑体积</td><td colspan="2">37.800m³</td><td>混凝土体积</td><td colspan="2">21.490m³</td></tr>
<tr><td rowspan="2">项目</td><td rowspan="2">单位</td><td rowspan="2">构筑物</td><td rowspan="2">占指标基价的百分比</td><td colspan="2">折合指标</td></tr>
<tr><td>建筑体积（元/m³）</td><td>混凝土体积（元/m³）</td></tr>
<tr><td>1. 指标基价</td><td>元</td><td>77854</td><td>100%</td><td>2060</td><td>3623</td></tr>
<tr><td>2. 建筑安装工程费</td><td>元</td><td>71391</td><td>91.700%</td><td>1889</td><td>3322</td></tr>
<tr><td>2.1 建筑工程费</td><td>元</td><td>61866</td><td>79.460%</td><td>1637</td><td>2879</td></tr>
<tr><td>2.2 安装工程费</td><td>元</td><td>9525</td><td>12.230%</td><td>252</td><td>443</td></tr>
<tr><td>3. 设备购置费</td><td>元</td><td>6463</td><td>8.300%</td><td>171</td><td>301</td></tr>
<tr><td>3.1 给排水消防</td><td>元</td><td>1859</td><td>2.390%</td><td>49</td><td>86</td></tr>
<tr><td>3.2 电气工程</td><td>元</td><td>1299</td><td>1.670%</td><td>34</td><td>60</td></tr>
<tr><td>3.3 管廊监测</td><td>元</td><td>2846</td><td>3.660%</td><td>75</td><td>132</td></tr>
<tr><td>3.4 通风工程</td><td>元</td><td>459</td><td>0.590%</td><td>12</td><td>21</td></tr>
</table>

<table>
<tr><td colspan="8">土建主要工程数量和主要工料数量</td></tr>
<tr><td colspan="4">主要工程数量</td><td colspan="4">主要工料数量</td></tr>
<tr><td>项目</td><td>单位</td><td>数量</td><td>建筑体积指标（每 m³）</td><td>项目</td><td>单位</td><td>数量</td><td>建筑体积指标（每 m³）</td></tr>
<tr><td>土方开挖</td><td>m³</td><td>168.720</td><td>4.463</td><td>土建人工</td><td>工日</td><td>128.808</td><td>3.408</td></tr>
<tr><td>混凝土垫层</td><td>m³</td><td>1.280</td><td>0.034</td><td>预拌混凝土</td><td>m³</td><td>21.920</td><td>0.580</td></tr>
<tr><td>钢筋混凝土底板</td><td>m³</td><td>7.560</td><td>0.200</td><td>钢材</td><td>t</td><td>4.002</td><td>0.106</td></tr>
<tr><td>钢筋混凝土侧墙</td><td>m³</td><td>6.900</td><td>0.183</td><td>木材</td><td>m³</td><td>0.403</td><td>0.0110</td></tr>
<tr><td>钢筋混凝土顶板</td><td>m³</td><td>7.030</td><td>0.186</td><td>黄砂</td><td>t</td><td>0.484</td><td>0.0130</td></tr>
<tr><td></td><td></td><td></td><td></td><td>其他材料费</td><td>元</td><td>2126.100</td><td>56.250</td></tr>
<tr><td>井点</td><td>根</td><td>2.000</td><td>0.053</td><td>机械使用费</td><td>元</td><td>3455.440</td><td>91.410</td></tr>
</table>

<table>
<tr><td colspan="3">设备主要数量（6700m）</td></tr>
<tr><td>项目及规格</td><td>单位</td><td>数量</td></tr>
<tr><td colspan="3">一、给排水消防</td></tr>
<tr><td>超细干粉自动灭火装置 悬挂式 每台充装量 7kg</td><td>套</td><td>2115</td></tr>
<tr><td>潜水排污泵 Q=25m³/h H=20m N=4kW</td><td>套</td><td>469</td></tr>
<tr><td colspan="3">二、电气工程</td></tr>
<tr><td>10kV 高压柜</td><td>套</td><td>12</td></tr>
<tr><td>变压器</td><td>套</td><td>2</td></tr>
<tr><td>HVRD 电抗柜</td><td>套</td><td>2</td></tr>
<tr><td>交流屏</td><td>套</td><td>1</td></tr>
</table>

续前

项目及规格	单位	数量
直流屏	套	2
消防负荷柜	套	1
静态模拟屏	套	1
油式变压器	套	8
低压开关柜	套	16
区间配电控制柜	套	105
三、管廊监测		
计算机		2
服务器柜	套	1
UPS 柜	套	1
ACU 柜	套	40
液晶显示大屏组	套	1
感温光缆主机	套	1
液位仪	套	134
温湿度检测仪	套	102
氧气检测仪	套	102
室外型低照度摄像机	套	270
红外对射报警装置	套	270
声光报警器	套	542
无线对讲工作站	套	1
无线控制器 AC	套	1
电子巡查管理系统	套	1
火灾报警主机	套	1
防火门监控系统	套	1
火灾报警控制柜	套	40
智能感烟探测器	套	50
气体灭火控制器	套	34
可燃气体报警控制器	套	34
可燃气体探测器	套	450
四、通风工程		
排风机、送风机	套	8
电动排烟防火阀	套	16
电动百叶窗	套	12
分体式空调	套	4
多联机	套	1

单位：m

指标编号	1F-04		构筑物名称	标准段 3 舱	
结构特征：结构内径（2.800+2.800+1.800）m × 3.000m，底板厚 400mm，外壁厚 400mm，顶板厚 400mm					
建筑体积	$22.200m^3$		混凝土体积	$11.380m^3$	
项目	单位	构筑物	占指标基价的百分比	折合指标	
				建筑体积（元 /m^3）	混凝土体积（元 /m^3）
1. 指标基价	元	54101	100%	2437	4754
2. 建筑安装工程费	元	47054	86.970%	2120	4135
2.1 建筑工程费	元	39007	72.100%	1757	3428
2.2 安装工程费	元	8047	14.870%	362	707
3. 设备购置费	元	7047	13.030%	317	619
3.1 给排水消防	元	2037	3.770%	92	179
3.2 电气工程	元	814	1.510%	37	72
3.3 管廊监测	元	3840	7.100%	173	337
3.4 通风工程	元	356	0.660%	16	31

土建主要工程数量和主要工料数量

主要工程数量				主要工料数量			
项目	单位	数量	建筑体积指标（每 m^3）	项目	单位	数量	建筑体积指标（每 m^3）
土方开挖	m^3	122.130	5.501	土建人工	工日	74.450	3.354
混凝土垫层	m^3	0.900	0.041	预拌混凝土	m^3	12.861	0.579
				钢材	t	2.016	0.091
钢筋混凝土底板	m^3	3.590	0.162	木材	m^3	0.048	0.002
钢筋混凝土侧墙	m^3	4.520	0.204	黄砂	t	0.589	0.027
				其他材料费	元	3504.310	157.850
钢筋混凝土顶板	m^3	3.270	0.147	机械使用费	元	3706.370	166.950

设备主要数量（3200m）

项目及规格	单位	数量
一、给排水消防		
超细干粉自动灭火装置 悬挂式 每台充装量 7kg	套	6279

续前

项目及规格	单位	数量
潜水排污泵 Q=25m^3/h H=18m N=3kW	套	600
潜水排污泵 Q=25m^3/h H=20m N=4kW	套	96
二、电气工程		
排水泵控制箱	套	516
工业专用插座箱	只	725
三、管廊监测		
现场自控箱 ACU	套	20
氧气监测仪表	套	70
温湿度检测仪	套	70
有害气体检测仪	套	6
IP 摄像机	套	200
红外对射装置	只	200
声光报警器	套	200
投入式液位仪	只	140
感温光缆主机	台	11
现场消防箱	套	2
现场模块箱	套	17
智能型烟感	个	550
手动报警按钮	个	180
防火门监控模块	个	70
防火门控制器	套	4
防火门监控主机	套	1
智能编程紧急电话话务台	套	1
紧急电话话务台操作界面软件	套	1
电话系统通信机柜	套	1
现场电话主机	套	17
四、通风工程		
排风机、送风机	台	124
电动排烟防火阀	个	124

单位：m

指标编号	1F-05		构筑物名称	标准段 2 舱	
结构特征：结构内径（5.100+2.600）m × 3.000m，底板厚 400mm，外壁厚 350mm，顶板厚 350mm					
建筑体积	23.100m³		混凝土体积	10.190m³	
项目	单位	构筑物	占指标基价的百分比	折合指标	
				建筑体积（元 /m³）	混凝土体积（元 /m³）
1. 指标基价	元	49227	100%	2131	4831
2. 建筑安装工程费	元	43441	88.250%	1881	4263
2.1 建筑工程费	元	34759	70.610%	1505	3411
2.2 安装工程费	元	8682	17.640%	376	852
3. 设备购置费	元	5786	11.750%	250	568
3.1 给排水消防	元	1156	2.350%	50	113
3.2 电气工程	元	2208	4.490%	96	217
3.3 管廊监测	元	2343	4.760%	101	230
3.4 通风工程	元	79	0.160%	3	8

土建主要工程数量和主要工料数量

主要工程数量				主要工料数量			
项目	单位	数量	建筑体积指标（每 m³）	项目	单位	数量	建筑体积指标（每 m³）
土方开挖	m³	120.293	5.207	土建人工	工日	77.479	3.354
混凝土垫层	m³	1.820	0.079	预拌混凝土	m³	13.267	0.574
				钢材	t	4.937	0.214
钢筋混凝土底板	m³	3.570	0.155	木材	m³	13.042	0.565
钢筋混凝土侧墙	m³	3.475	0.150	黄砂	t	0.806	0.035
				其他材料费	元	7658.000	331.520
钢筋混凝土顶板	m³	3.145	0.136	机械使用费	元	8603.570	372.450

设备主要数量（1952m）

项目及规格	单位	数量
一、给排水消防		
S 型悬挂固定气溶胶灭火装置	台	409
潜水排污泵 Q=15m³/h H=15m N=1.5kW	套	48
灭火器箱	个	372
灭火装置 手提式磷酸铵盐 每台充装量 4kg	个	744
止回阀	只	48
二、电气工程		
预装地埋式箱变	台	8

续前

项目及规格	单位	数量
低压开关柜	台	12
风机控制箱	套	20
排水泵控制箱	套	26
非标动力箱（柜）	台	44
电气火灾监控系统	套	4
应急电源 EPS	套	4
智能照明疏散系统	套	4
三、管廊监测		
PLC 控制主站	套	2
UPS	台	4
以太网环网交换机	套	2
PLC 控制柜	台	2
远程 I/O 子站	套	53
氧气监测仪表	套	4
温湿度检测仪	套	4
可燃气体探测仪	套	21
区域火灾报警控制器	套	2
火灾报警系统控制柜	台	2
区域显示器	套	2
感烟探测器	套	46
手动报警按钮	套	84
声光报警器	套	46
广播功率放大器	套	2
广播分区控制模块	套	23
线型光纤火灾探测器	套	2
安防报警主机	台	2
安防系统控制柜	台	2
安防以太网交换机	台	2
高清网络枪机	套	46
光纤收发器	对	50
IP 电话机	部	23
语音网关	个	2
四、通风工程		
排风机、送风机	套	12
电动排烟防火阀	个	24

单位：m

指标编号		1F-06	构筑物名称	标准段 2 舱	
结构特征：结构内径（2.000+2.000）m × 3.250m，底板厚 350mm，外壁厚 350mm，顶板厚 350mm，拉森钢板桩支护					
建筑体积		$13.000m^3$	混凝土体积	$8.270m^3$	
项目	单位	构筑物	占指标基价的百分比	折合指标	
				建筑体积（元 /m^3）	混凝土体积（元 /m^3）
1. 指标基价	元	45583	100%	3506	5512
2. 建筑安装工程费	元	37928	83.210%	2918	4586
2.1 建筑工程费	元	34533	75.760%	2656	4176
2.2 安装工程费	元	3395	7.450%	261	411
3. 设备购置费	元	7655	16.790%	589	926
3.1 给排水消防	元	1670	3.660%	128	202
3.2 电气工程	元	2862	6.280%	220	346
3.3 管廊监测	元	2953	6.480%	227	357
3.4 通风工程	元	170	0.370%	13	21

土建主要工程数量和主要工料数量

主要工程数量				主要工料数量			
项目	单位	数量	建筑体积指标（每 m^3）	项目	单位	数量	建筑体积指标（每 m^3）
土方开挖	m^3	62.550	4.812	土建人工	工日	87.308	6.716
混凝土垫层	m^3	2.140	0.165	预拌混凝土	m^3	10.610	0.816
钢筋混凝土底板	m^3	2.220	0.171	钢材	t	1.516	0.117
钢筋混凝土侧墙	m^3	4.050	0.312	木材	m^3	0.035	0.003
钢筋混凝土顶板	m^3	2.010	0.155	黄砂	t	1.396	0.107
拉森钢板桩	t	5.775	0.444	其他材料费	元	7387.190	568.250
				机械使用费	元	4150.600	319.280

设备主要数量（1540m）

项目及规格	单位	数量
一、给排水消防		
小型潜水泵 Q=20m^3/h，H=15m，N=2.2kW	套	26
高压细水雾开式喷头	个	616
高压细水雾喷头专用接头	个	616

续前

项目及规格	单位	数量
高压不锈钢手动球阀 *DN*32	个	37
高压不锈钢手动球阀 *DN*65	个	9
高压不锈钢止回阀 *DN*15	个	18
二、电气工程		
地埋式箱变	台	4
低压开关柜	台	6
风机控制箱	套	7
排水泵控制箱	套	10
非标动力箱(柜)	台	14
电气火灾监控系统	套	2
应急电源 EPS	套	2
智能照明疏散系统	套	2
三、管廊监测		
交换机	台	4
出入口 PLC 控制站	套	2
防火分区 PLC 控制站	套	18
雨水泵房 PLC 控制站	套	4
超声波液位计	台	8
温湿度检测仪	台	24
氧气浓度检测仪	台	24
红外幕帘探测器	只	56
声光报警器	只	56
火灾报警系统控制柜	套	2
区域火灾报警控制器(联动型)	套	2
消防电话分机	个	2
可燃气体报警控制器	套	45
可燃气体探测器	个	45
四、通风工程		
排风机、送风机	套	22
电动排烟防火阀	个	28

单位：m

指标编号	1F-07		构筑物名称	标准段 3 舱	
结构特征：结构内径（2.600+2.600+2.000）m×3.350m，底板厚 400mm，外壁厚 350mm，顶板厚 350mm，拉森钢板桩支护，水泥土搅拌桩坑底加固					
建筑体积	$24.120m^3$		混凝土体积	$13.040m^3$	
项目	单位	构筑物	占指标基价的百分比	折合指标	
				建筑体积（元/m^3）	混凝土体积（元/m^3）
1. 指标基价	元	77037	100%	3194	5908
2. 建筑安装工程费	元	65617	85.180%	2720	5032
2.1 建筑工程费	元	62005	80.490%	2571	4755
2.2 安装工程费	元	3612	4.690%	150	277
3. 设备购置费	元	11420	14.820%	473	876
3.1 给排水消防	元	3169	4.110%	131	243
3.2 电气工程	元	3977	5.160%	165	305
3.3 管廊监测	元	4128	5.360%	171	317
3.4 通风工程	元	146	0.190%	6	11

土建主要工程数量和主要工料数量

主要工程数量				主要工料数量			
项目	单位	数量	建筑体积指标（每 m^3）	项目	单位	数量	建筑体积指标（每 m^3）
土方开挖	m^3	88.425	3.666	土建人工	工日	117.752	4.882
混凝土垫层	m^3	2.570	0.107	预拌混凝土	m^3	15.970	0.662
钢筋混凝土底板	m^3	3.890	0.161	钢材	t	2.754	0.114
钢筋混凝土侧墙	m^3	5.370	0.223	木材	m^3	0.049	0.002
钢筋混凝土顶板	m^3	3.780	0.157	黄砂	t	1.260	0.052
拉森钢板桩	t	5.131	0.213	其他材料费	元	11718.870	485.860
水泥土搅拌桩坑底加固	m^3	21.802	0.904	机械使用费	元	6542.360	271.240

设备主要数量（2420m）

项目及规格	单位	数量
一、给排水消防		
小型潜水泵 $Q=20m^3/h$ $H=15m$ $N=2.2kW$	套	40

续前

项目及规格	单位	数量
高压细水雾开式喷头	个	1936
高压细水雾喷头专用接头	个	1936
高压不锈钢手动球阀 *DN*32	个	116
高压不锈钢手动球阀 *DN*65	个	29
高压不锈钢止回阀 *DN*15	个	58
二、电气工程		
地埋式箱变	台	6
低压开关柜	台	9
风机控制箱	套	18
排水泵控制箱	套	20
非标动力箱(柜)	台	36
电气火灾监控系统	套	3
应急电源 EPS	套	3
智能照明疏散系统	套	3
三、管廊监测		
交换机	台	5
出入口 PLC 控制站	套	3
防火分区 PLC 控制站	套	42
雨水泵房 PLC 控制站	套	4
超声波液位计	台	8
温湿度检测仪	台	51
氧气浓度检测仪	台	51
红外幕帘探测器	只	129
声光报警器	只	129
火灾报警系统控制柜	套	3
区域火灾报警控制器(联动型)	套	3
消防电话分机	个	3
四、通风工程		
排风机、送风机	套	18
电动排烟防火阀	个	18

单位：m

<table>
<tr><td>指标编号</td><td colspan="2">1F-08</td><td>构筑物名称</td><td colspan="2">标准段 3 舱</td></tr>
<tr><td colspan="6">结构特征：结构内径（2.800+2.100+1.500）m×2.800m，底板厚 300mm，外壁厚 300mm，内壁厚 250mm，顶板厚 300mm，部分土钉支护</td></tr>
<tr><td>建筑体积</td><td colspan="2">17.920m³</td><td>混凝土体积</td><td colspan="2">7.580m³</td></tr>
<tr><td rowspan="2">项目</td><td rowspan="2">单位</td><td rowspan="2">构筑物</td><td rowspan="2">占指标基价的百分比</td><td colspan="2">折合指标</td></tr>
<tr><td>建筑体积（元/m³）</td><td>混凝土体积（元/m³）</td></tr>
<tr><td>1. 指标基价</td><td>元</td><td>92505</td><td>100%</td><td>5162</td><td>12204</td></tr>
<tr><td>2. 建筑安装工程费</td><td>元</td><td>72517</td><td>78.390%</td><td>4047</td><td>9567</td></tr>
<tr><td>2.1 建筑工程费</td><td>元</td><td>49582</td><td>53.600%</td><td>2767</td><td>6541</td></tr>
<tr><td>2.2 安装工程费</td><td>元</td><td>22934</td><td>24.790%</td><td>1280</td><td>3026</td></tr>
<tr><td>3. 设备购置费</td><td>元</td><td>19988</td><td>21.610%</td><td>1115</td><td>2637</td></tr>
<tr><td>3.1 给排水消防</td><td>元</td><td>364</td><td>0.390%</td><td>20</td><td>48</td></tr>
<tr><td>3.2 电气工程</td><td>元</td><td>1527</td><td>1.650%</td><td>85</td><td>201</td></tr>
<tr><td>3.3 管廊监测</td><td>元</td><td>16316</td><td>17.640%</td><td>910</td><td>2153</td></tr>
<tr><td>3.4 通风工程</td><td>元</td><td>105</td><td>0.110%</td><td>6</td><td>14</td></tr>
<tr><td>3.5 管廊支架</td><td>元</td><td>1670</td><td>1.810%</td><td>93</td><td>220</td></tr>
<tr><td>3.6 其他</td><td>元</td><td>6</td><td>0.010%</td><td>0</td><td>1</td></tr>
</table>

<table>
<tr><td colspan="8">土建主要工程数量和主要工料数量</td></tr>
<tr><td colspan="4">主要工程数量</td><td colspan="4">主要工料数量</td></tr>
<tr><td>项目</td><td>单位</td><td>数量</td><td>建筑体积指标（每 m³）</td><td>项目</td><td>单位</td><td>数量</td><td>建筑体积指标（每 m³）</td></tr>
<tr><td>土方开挖</td><td>m³</td><td>105.851</td><td>5.907</td><td>土建人工</td><td>工日</td><td>85.400</td><td>4.766</td></tr>
<tr><td>混凝土垫层</td><td>m³</td><td>0.710</td><td>0.040</td><td>预拌混凝土</td><td>m³</td><td>9.866</td><td>0.551</td></tr>
<tr><td>钢筋混凝土底板</td><td>m³</td><td>2.250</td><td>0.126</td><td>钢材</td><td>t</td><td>1.657</td><td>0.092</td></tr>
<tr><td>钢筋混凝土侧墙</td><td>m³</td><td>3.080</td><td>0.172</td><td>木材</td><td>m³</td><td>0.230</td><td>0.013</td></tr>
<tr><td>钢筋混凝土顶板</td><td>m³</td><td>2.250</td><td>0.126</td><td>其他材料费</td><td>元</td><td>563.050</td><td>31.420</td></tr>
<tr><td>放坡支护（主线长度）</td><td>m</td><td>0.620</td><td>0.035</td><td>机械使用费</td><td>元</td><td>2291.280</td><td>127.860</td></tr>
<tr><td>土钉支护（主线长度）</td><td>m</td><td>0.380</td><td>0.021</td><td></td><td></td><td></td><td></td></tr>
</table>

续前

设备主要数量（1943m）		
项目及规格	单位	数量
一、给排水消防		
潜水泵 Q=36m³/h H=10m N=2.2kW	台	63
二、电气工程		
2×400kV·A 照明箱式变电站	座	2
动力配电柜	台	15
水泵控制箱	台	31
照明配电箱（含应急照明）	台	31
三、管廊监测		
H_2S 有害气体检测仪	台	42
O_2 有害气体检测仪	台	42
CH_4 有害气体检测仪	台	42
可燃气体探测器	台	146
温湿度检测仪	台	40
超声波一体气体检测仪	台	3
投入式水位检测仪器	台	29
光电烟感探测器	台	28
光纤分布式测温机	台	3
四、通风工程		
排风机	台	49
五、管廊支架		
镀锌角钢电缆支架 L=1.600m，7 层	套	2142
镀锌角钢电缆支架 L=0.650m，2 层	套	3448

单位：m

<table>
<tr><td>指标编号</td><td colspan="2">1F-09</td><td>构筑物名称</td><td colspan="2">标准段 2 舱</td></tr>
<tr><td colspan="6">结构特征：结构内径（2.600+2.000）m × 2.800m，底板厚 300mm，外壁厚 300mm，内壁厚 250mm，顶板厚 300mm</td></tr>
<tr><td>建筑体积</td><td colspan="2">12.880m³</td><td>混凝土体积</td><td colspan="2">5.660m³</td></tr>
<tr><td rowspan="2">项目</td><td rowspan="2">单位</td><td rowspan="2">构筑物</td><td rowspan="2">占指标基价的百分比</td><td colspan="2">折合指标</td></tr>
<tr><td>建筑体积（元 /m³）</td><td>混凝土体积（元 /m³）</td></tr>
<tr><td>1. 指标基价</td><td>元</td><td>65270</td><td>100%</td><td>5068</td><td>11532</td></tr>
<tr><td>2. 建筑安装工程费</td><td>元</td><td>51945</td><td>79.580%</td><td>4033</td><td>9178</td></tr>
<tr><td>2.1 建筑工程费</td><td>元</td><td>36655</td><td>56.160%</td><td>2846</td><td>6476</td></tr>
<tr><td>2.2 安装工程费</td><td>元</td><td>15290</td><td>23.420%</td><td>1187</td><td>2701</td></tr>
<tr><td>3. 设备购置费</td><td>元</td><td>13326</td><td>20.420%</td><td>1035</td><td>2354</td></tr>
<tr><td>3.1 给排水消防</td><td>元</td><td>243</td><td>0.370%</td><td>19</td><td>43</td></tr>
<tr><td>3.2 电气工程</td><td>元</td><td>1018</td><td>1.560%</td><td>79</td><td>180</td></tr>
<tr><td>3.3 管廊监测</td><td>元</td><td>10877</td><td>16.670%</td><td>845</td><td>1922</td></tr>
<tr><td>3.4 通风工程</td><td>元</td><td>70</td><td>0.110%</td><td>5</td><td>12</td></tr>
<tr><td>3.5 管廊支架</td><td>元</td><td>1114</td><td>1.710%</td><td>86</td><td>197</td></tr>
<tr><td>3.6 其他</td><td>元</td><td>4</td><td>0.010%</td><td>0</td><td>1</td></tr>
</table>

<table>
<tr><td colspan="8">土建主要工程数量和主要工料数量</td></tr>
<tr><td colspan="4">主要工程数量</td><td colspan="4">主要工料数量</td></tr>
<tr><td>项目</td><td>单位</td><td>数量</td><td>建筑体积指标（每 m³）</td><td>项目</td><td>单位</td><td>数量</td><td>建筑体积指标（每 m³）</td></tr>
<tr><td>土方开挖</td><td>m³</td><td>85.850</td><td>6.665</td><td>土建人工</td><td>工日</td><td>63.300</td><td>4.915</td></tr>
<tr><td>混凝土垫层</td><td>m³</td><td>0.570</td><td>0.044</td><td>预拌混凝土</td><td>m³</td><td>7.723</td><td>0.600</td></tr>
<tr><td>钢筋混凝土底板</td><td>m³</td><td>1.640</td><td>0.127</td><td>钢材</td><td>t</td><td>1.257</td><td>0.098</td></tr>
</table>

续前

项目	单位	数量	建筑体积指标（每 m^3）	项目	单位	数量	建筑体积指标（每 m^3）
钢筋混凝土侧墙	m^3	2.380	0.185	木材	m^3	0.180	0.014
钢筋混凝土顶板	m^3	1.640	0.127	其他材料费	元	356.830	27.700
放坡支护（主线长度）	m	1.000	0.078	机械使用费	元	1644.910	127.710

设备主要数量（147m）

项目及规格	单位	数量
一、给排水消防		
潜水泵 Q=36m³/h H=10m N=2.2kW	台	42
二、电气工程		
动力配电柜	台	1
水泵控制箱	台	2
照明配电箱（含应急照明）	台	2
三、管廊监测		
H_2S 有害气体检测仪	台	2
O_2 有害气体检测仪	台	2
CH_4 有害气体检测仪	台	2
可燃气体探测器	台	7
温湿度检测仪	台	2
超声波一体气体检测仪	台	1
投入式水位检测仪器	台	1
光电烟感探测器	台	1
光纤分布式测温机	台	1
四、通风工程		
排风机	台	2
五、管廊支架		
镀锌角钢电缆支架 L=1.600m，7 层	套	108
镀锌角钢电缆支架 L=0.650m，2 层	套	174

单位：m

指标编号	1F-10		构筑物名称	标准段 2 舱	
结构特征：结构内径（2.600+1.500）m × 2.800m，底板厚 300mm，外壁厚 300mm，内壁厚 250mm，顶板厚 300mm，部分土钉支护					
建筑体积	11.480m³		混凝土体积	5.360m³	
项目	单位	构筑物	占指标基价的百分比	折合指标	
				建筑体积（元 /m³）	混凝土体积（元 /m³）
1. 指标基价	元	70181	100%	6113	13094
2. 建筑安装工程费	元	56856	81.010%	4953	10607
2.1 建筑工程费	元	41566	59.230%	3621	7755
2.2 安装工程费	元	15290	21.790%	1332	2853
3. 设备购置费	元	13326	18.990%	1161	2486
3.1 给排水消防	元	243	0.350%	21	45
3.2 电气工程	元	1018	1.450%	89	190
3.3 管廊监测	元	10877	15.500%	948	2029
3.4 通风工程	元	70	0.100%	6	13
3.5 管廊支架	元	1114	1.590%	97	208
3.6 其他	元	4	0.010%	0	1

土建主要工程数量和主要工料数量

主要工程数量				主要工料数量			
项目	单位	数量	建筑体积指标（每 m³）	项目	单位	数量	建筑体积指标（每 m³）
土方开挖	m³	77.994	6.794	土建人工	工日	82.790	7.212
混凝土垫层	m³	0.520	0.045	预拌混凝土	m³	7.437	0.648
钢筋混凝土底板	m³	1.490	0.130	钢材	t	1.198	0.104
钢筋混凝土侧墙	m³	2.380	0.207	木材	m³	0.177	0.015
钢筋混凝土顶板	m³	1.490	0.130	其他材料费	元	480.090	41.820
放坡支护（主线长度）	m	0.660	0.057	机械使用费	元	2798.640	243.780
土钉支护（主线长度）	m	0.340	0.030				

续前

设备主要数量（890m）		
项目及规格	单位	数量
一、给排水消防		
潜水泵 Q=36m^3/h H=10m N=2.2kW	台	42
二、电气工程		
动力配电柜	台	5
水泵控制箱	台	9
照明配电箱（含应急照明）	台	9
三、管廊监测		
H_2S 有害气体检测仪	台	13
O_2 有害气体检测仪	台	13
CH_4 有害气体检测仪	台	13
可燃气体探测器	台	45
温湿度检测仪	台	12
超声波一体气体检测仪	台	1
投入式水位检测仪器	台	9
光电烟感探测器	台	9
光纤分布式测温机	台	1
四、通风工程		
排风机	台	15
五、管廊支架		
镀锌角钢电缆支架 L=1.600m,7 层	套	654
镀锌角钢电缆支架 L=0.650m,2 层	套	1053

单位：m

指标编号	1F-11		构筑物名称	标准段 1 舱	
结构特征：结构内径 2.700m × 2.800m，底板厚 300mm，外壁厚 300mm，内壁厚 250mm，顶板厚 300mm					
建筑体积	7.560m^3		混凝土体积	3.660m^3	
项目	单位	构筑物	占指标基价的百分比	折合指标	
				建筑体积（元 /m^3）	混凝土体积（元 /m^3）
1. 指标基价	元	53559	100%	7084	14634
2. 建筑安装工程费	元	46896	87.560%	6203	12813
2.1 建筑工程费	元	39251	73.290%	5192	10724
2.2 安装工程费	元	7645	14.270%	1011	2089
3. 设备购置费	元	6663	12.440%	881	1820
3.1 给排水消防	元	121	0.230%	16	33
3.2 电气工程	元	509	0.950%	67	139
3.3 管廊监测	元	5439	10.150%	719	1486
3.4 通风工程	元	35	0.070%	5	10
3.5 管廊支架	元	557	1.040%	74	152
3.6 其他	元	2	0.000%	0	1

土建主要工程数量和主要工料数量

主要工程数量				主要工料数量			
项目	单位	数量	建筑体积指标（每 m^3）	项目	单位	数量	建筑体积指标（每 m^3）
土方开挖	m^3	74.750	9.890	土建人工	工日	44.000	5.790
混凝土垫层	m^3	0.350	0.050	预拌混凝土	m^3	5.833	0.770
钢筋混凝土底板	m^3	0.990	0.130	钢材	t	0.856	0.110
钢筋混凝土侧墙	m^3	1.680	0.220	木材	m^3	0.115	0.020
钢筋混凝土顶板	m^3	0.990	0.130	其他材料费	元	209.570	27.720

续前

项目	单位	数量	建筑体积指标（每 m^3）	项目	单位	数量	建筑体积指标（每 m^3）
放坡支护（主线长度）	m	1.000	0.130	机械使用费	元	1245.21	164.71

设备主要数量（337m）		
项目及规格	单位	数量
一、给排水消防		
潜水泵 Q=36m^3/h H=10m N=2.2kW	台	21
二、电气工程		
动力配电柜	台	1
水泵控制箱	台	2
照明配电箱（含应急照明）	台	2
三、管廊监测		
H_2S 有害气体检测仪	台	2
O_2 有害气体检测仪	台	2
CH_4 有害气体检测仪	台	2
可燃气体探测器	台	8
温湿度检测仪	台	2
超声波一体气体检测仪	台	1
投入式水位检测仪器	台	2
光电烟感探测器	台	2
光纤分布式测温机	台	1
四、通风工程		
排风机	台	3
五、管廊支架		
镀锌角钢电缆支架 L=1.600m,7 层	套	124
镀锌角钢电缆支架 L=0.6500m,2 层	套	199

单位：m

指标编号	1F-12		构筑物名称	标准段 3 舱	
结构特征：结构内径（2.000+3.500+4.600）m × 2.800m，底板厚 450mm，外壁厚 400mm，内壁厚 250mm，顶板厚 450mm，土钉支护					
建筑体积	28.280m^3		混凝土体积	15.230m^3	
项目	单位	构筑物	占指标基价的百分比	折合指标	
				建筑体积（元 /m^3）	混凝土体积（元 /m^3）
1. 指标基价	元	104558	100%	3697	6865
2. 建筑安装工程费	元	94543	90.420%	3343	6208
2.1 建筑工程费	元	79794	76.320%	2822	5239
2.2 安装工程费	元	14749	14.110%	522	968
3. 设备购置费	元	10015	9.580%	354	658
3.1 给排水消防	元	659	0.630%	23	43
3.2 电气工程	元	1113	1.060%	39	73
3.3 管廊监测	元	4580	4.380%	162	301
3.4 通风工程	元	636	0.610%	22	42
3.5 管廊支架	元	2221	2.120%	79	146
3.6 其他	元	806	0.770%	29	53

土建主要工程数量和主要工料数量

主要工程数量				主要工料数量			
项目	单位	数量	建筑体积指标（每 m^3）	项目	单位	数量	建筑体积指标（每 m^3）
土方开挖	m^3	135.000	4.774	土建人工	工日	73.449	2.597
混凝土垫层	m^3	1.160	0.041	预拌混凝土	m^3	17.119	0.605
钢筋混凝土底板	m^3	5.700	0.202	钢材	t	2.886	0.102

续前

项目	单位	数量	建筑体积指标（每 m^3）	项目	单位	数量	建筑体积指标（每 m^3）
钢筋混凝土侧墙	m^3	3.830	0.135	木材	m^3	0.190	0.007
钢筋混凝土顶板	m^3	5.700	0.202	砂	t	86.321	3.052
井点无缝钢管 45×3	m	0.143	0.005	其他材料费	元	1206.670	42.670
土钉	m	46.000	1.627	机械使用费	元	7713.780	272.760

设备主要数量（7600m）		
项目及规格	单位	数量
一、给排水消防		
超细干粉灭火器	台	4208
二、电气工程		
2×400kV·A 变压器	台	7
动力配电箱	台	102
照明配电箱	台	102
水泵控制箱	台	84
三、管廊监测		
网络枪式摄像机	台	255
网络红外半球摄像机	台	155
气体检测仪	台	358
弱电配电箱	台	102
四、通风工程		
排风、排烟机（双速离心柜式风机、防爆）	台	108
五、管廊支架		
镀锌支架	m	44489

单位：m

指标编号	1F-13		构筑物名称	标准段 5 舱	
结构特征：结构内径（2.000+2.000+3.600+2.600+2.000）m × 3.000m，底板厚 400mm，外壁厚 400mm，内壁厚 250mm，顶板厚 400mm，部分桩撑，部分桩锚加土钉支护					
建筑体积	36.600m^3		混凝土体积	17.520m^3	
项目	单位	构筑物	占指标基价的百分比	折合指标	
				建筑体积（元 /m^3）	混凝土体积（元 /m^3）
1. 指标基价	元	159380	100%	4355	9097
2. 建筑安装工程费	元	141701	88.910%	3872	8088
2.1 建筑工程费	元	107590	67.510%	2940	6141
2.2 安装工程费	元	34112	21.400%	932	1947
3. 设备购置费	元	17679	11.090%	483	1009
3.1 给排水消防	元	1336	0.840%	36	76
3.2 电气工程	元	3680	2.310%	101	210
3.3 管廊监测	元	9411	5.900%	257	537
3.4 通风工程	元	1060	0.670%	29	60
3.5 管廊支架	元	2192	1.380%	60	125

土建主要工程数量和主要工料数量

主要工程数量				主要工料数量			
项目	单位	数量	建筑体积指标（每 m^3）	项目	单位	数量	建筑体积指标（每 m^3）
土方开挖	m^3	102.067	2.789	土建人工	工日	206.694	5.647
混凝土垫层	m^3	1.420	0.039				
钢筋混凝土底板	m^3	6.210	0.170	预拌混凝土	m^3	32.449	0.887
钢筋混凝土侧墙	m^3	5.710	0.156	钢材	t	5.010	0.137
钢筋混凝土顶板	m^3	5.600	0.153	木材	m^3	0.123	0.003
放坡及土钉（主线长度）	m	0.133	0.004	黄砂	t	53.441	1.460
桩撑（主线长度）	m	0.397	0.011	其他材料费	元	18738.150	511.970
一侧桩锚一侧土钉（主线长度）	m	0.470	0.013	机械使用费	元	7305.650	199.610

续前

设备主要数量(719.500m)		
项目及规格	单位	数量
一、给排水消防		
手提式磷酸铵盐干粉灭火器 5kg/ 超细干粉灭火器 3kg	台	500/327
二、电气工程		
2×400kV·A 变压器	台	1
动力配电箱	台	13
照明配电箱	台	26
应急照明主机	台	1
三、管廊监测		
网络枪式摄像机	台	49
网络红外半球摄像机	台	18
气体检测仪	台	107
光纤分布式测温主机	台	10
弱电配电箱	台	14
四、通风工程		
排风、排烟机(双速离心柜式风机、防爆)	台	24
五、管廊支架		
镀锌支架	t	129

单位：m

指标编号	1F-14		构筑物名称	标准段 3 舱	
结构特征：结构内径（3.600+5.600+2.800）m×3.400m，底板厚 550~700mm，外壁厚 550mm，内壁厚 250mm，顶板厚 550~700mm，桩锚支护					
建筑体积	40.800m³		混凝土体积	24.600m³	
项目	单位	构筑物	占指标基价的百分比	折合指标	
				建筑体积（元 /m³）	混凝土体积（元 /m³）
1. 指标基价	元	207693	100%	5091	8443
2. 建筑安装工程费	元	193646	93.240%	4746	7872
2.1 建筑工程费	元	170422	82.050%	4177	6928
2.2 安装工程费	元	23224	11.180%	569	944
3. 设备购置费	元	14047	6.760%	344	571
3.1 给排水消防	元	1491	0.720%	37	61
3.2 电气工程	元	531	0.260%	13	22
3.3 管廊监测	元	6038	2.910%	148	245
3.4 通风工程	元	213	0.100%	5	9
3.5 管廊支架	元	5774	2.780%	142	235

土建主要工程数量和主要工料数量

主要工程数量				主要工料数量			
项目	单位	数量	建筑体积指标（每 m³）	项目	单位	数量	建筑体积指标（每 m³）
土方开挖	m³	156.000	3.824	土建人工	工日	346.490	8.492
混凝土垫层	m³	2.100	0.051	预拌混凝土	m³	43.010	1.054
钢筋混凝土底板	m³	10.000	0.245	钢材	t	13.610	0.334
钢筋混凝土侧墙	m³	4.500	0.110	木材	m³	0.140	0.003
钢筋混凝土顶板	m³	10.100	0.248	碎（砾）石	t	64.530	1.582
降水	m	2.000	0.049	其他材料费	元	4149.000	101.690
桩锚支护（主线长度）	m	1.000	0.025	机械使用费	元	16065.000	393.750

续前

设备主要数量（1181m）		
项目及规格	单位	数量
一、给排水消防		
潜水泵 Q=36m^3/h H=10m N=2.2kW	台	29
超细干粉灭火器（进口）	个	647
二、电气工程		
2×400kV·A 照明箱式变电站	座	2
动力配电柜	台	7
水泵控制箱	台	7
照明配电箱（含应急照明）	台	20
三、管廊监测		
H_2S 有害气体检测仪	台	26
O_2 有害气体检测仪	台	23
CH_4 有害气体检测仪	台	26
温湿度检测仪	台	23
超声波一体气体检测仪	台	4
投入式水位检测仪器	台	9
光电烟感探测器	台	46
光纤分布式测温机	台	3
四、通风工程		
排风机	台	14
五、管廊支架		
镀锌角钢电缆 Q235B ∟63×40 L=3m 电缆支架支架 L=1.600m,7 层	根	2919
Q235B ∟50×5 L=0.500m 电缆支架	根	22742
Q235B ∟50×5 L=0.500m 电缆支架成品	根	29188
Q235B ∟50×5 L=0.700m 电缆支架	根	8756
Q235B ∟50×5 L=2.800m 电缆支架成品	根	1460
Q235B ∟50×5 L=1.800m 电缆支架成品	根	1460

单位：m

指标编号	1F-15		构筑物名称	标准段 7 舱	
结构特征：内径（2.600+2.000+4.700）m×（0.3800~4.4800）m+（2.600+2+4.700）m×2.900m+3.900m×2.900m 底板厚 600mm，外壁厚 400mm，内壁厚 250mm，顶板厚 600mm，桩锚支护					
建筑体积	49.780m^3		混凝土体积	33.180m^3	
项目	单位	构筑物	占指标基价的百分比	折合指标	
				建筑体积（元/m^3）	混凝土体积（元/m^3）
1. 指标基价	元	299772	100%	6022	9035
2. 建筑安装工程费	元	285612	95.280%	5737	8608
2.1 建筑工程费	元	244829	81.670%	4918	7379
2.2 安装工程费	元	40784	13.600%	819	1229
3. 设备购置费	元	14160	4.720%	284	427
3.1 给排水消防	元	1697	0.570%	34	51
3.2 电气工程	元	2185	0.730%	44	66
3.3 管廊监测	元	3069	1.020%	62	93
3.4 通风工程	元	1466	0.490%	29	44
3.5 管廊支架	元	4847	1.620%	97	146
3.6 其他	元	896	0.300%	18	27

土建主要工程数量和主要工料数量

主要工程数量				主要工料数量			
项目	单位	数量	建筑体积指标（每 m^3）	项目	单位	数量	建筑体积指标（每 m^3）
土方开挖	m^3	401.055	8.057	土建人工	工日	370.247	7.438
混凝土垫层	m^3	1.665	0.033	预拌混凝土	m^3	69.949	1.405
钢筋混凝土底板	m^3	10.217	0.205	钢材	t	12.973	0.261

续前

项目	单位	数量	建筑体积指标（每 m^3）	项目	单位	数量	建筑体积指标（每 m^3）
钢筋混凝土侧墙	m^3	9.991	0.201	木材	m^3	0.438	0.009
钢筋混凝土顶板	m^3	12.976	0.261	黄砂	t	6.521	0.131
井点降水无缝钢管 45×3	m	4.459	0.090	其他材料费	元	2745.990	55.160
桩锚支护（围护长度）	m	1.618	0.033	机械使用费	元	18715.000	375.950

设备主要数量（165m）

项目及规格	单位	数量
一、给排水消防		
NP3102SH255 潜水泵	台	9
二、电气工程		
动力配电柜	台	3
水泵控制箱	台	5
照明配电箱	台	5
三、管廊监测		
CO 有害气体检测仪	台	2
可燃气体传感器	台	2
氧气传感器	台	2
四、通风工程		
排风机	台	6
诱导风机	台	57
五、管廊支架		
奥氏体电缆支架（不导磁）	t	9

单位：m

指标编号	1F-16		构筑物名称	标准段 5 舱	
结构特征：结构内径（2.000+2.000+3.600+2.600+2.000）m × 3.000m，底板厚 450mm，外壁厚 450mm，内壁厚 250mm，顶板厚 450mm，部分桩撑，部分桩锚加土钉支护					
建筑体积	36.600m^3		混凝土体积	18.710m^3	
项目	单位	构筑物	占指标基价的百分比	折合指标	
				建筑体积（元 /m^3）	混凝土体积（元 /m^3）
1. 指标基价	元	162362	100%	4436	8678
2. 建筑安装工程费	元	144696	89.120%	3953	7734
2.1 建筑工程费	元	110608	68.120%	3022	5912
2.2 安装工程费	元	34088	21.000%	931	1822
3. 设备购置费	元	17666	10.880%	483	944
3.1 给排水消防	元	1335	0.820%	36	71
3.2 电气工程	元	3677	2.260%	100	197
3.3 管廊监测	元	9405	5.790%	257	503
3.4 通风工程	元	1059	0.650%	29	57
3.5 管廊支架	元	2191	1.350%	60	117

土建主要工程数量和主要工料数量

主要工程数量				主要工料数量			
项目	单位	数量	建筑体积指标（每 m^3）	项目	单位	数量	建筑体积指标（每 m^3）
土方开挖	m^3	101.997	2.787	土建人工	工日	200.751	5.485
混凝土垫层	m^3	1.430	0.039	预拌混凝土	m^3	33.755	0.922
钢筋混凝土底板	m^3	6.350	0.173				
钢筋混凝土侧墙	m^3	6.010	0.164	钢材	t	5.231	0.143
钢筋混凝土顶板	m^3	6.350	0.173	木材	m^3	0.129	0.004
放坡及土钉（主线长度）	m	0.133	0.004	黄砂	t	53.404	1.459
桩撑（主线长度）	m	0.397	0.011	其他材料费	元	18725.140	511.620
一侧桩锚一侧土钉（主线长度）	m	0.470	0.013	机械使用费	元	7360.810	201.110

续前

设备主要数量（124m）		
项目及规格	单位	数量
一、给排水消防		
手提式磷酸铵盐干粉灭火器 5kg/ 超细干粉灭火器 3kg	台	56/86
二、电气工程		
2×400kV·A 变压器	台	
动力配电箱	台	2
照明配电箱	台	4
应急照明主机	台	
三、管廊监测		
网络枪式摄像机	台	6
网络红外半球摄像机	台	2
气体检测仪	台	13
光纤分布式测温主机	台	1
弱电配电箱	台	2
四、通风工程		
排风、排烟机（双速离心柜式风机、防爆）	台	3
五、管廊支架		
镀锌支架	t	16

单位：m

指标编号	1F-17		构筑物名称	标准段 5 舱	
结构特征：结构内径（2.000+2.000+3.100+2.900+1.900）m×3.000m，底板厚 400mm，外壁厚 400mm，内壁厚 250mm，顶板厚 400mm，部分桩撑，部分桩锚加土钉支护					
建筑体积	35.700m³		混凝土体积	16.670m³	
项目	单位	构筑物	占指标基价的百分比	折合指标	
				建筑体积（元/m³）	混凝土体积（元/m³）
1. 指标基价	元	167166	100%	4682	10028
2. 建筑安装工程费	元	146330	87.540%	4099	8778
2.1 建筑工程费	元	109297	65.380%	3062	6557
2.2 安装工程费	元	37034	22.150%	1037	2222
3. 设备购置费	元	20835	12.460%	584	1250
3.1 给排水消防	元	2121	1.270%	59	127
3.2 电气工程	元	4568	2.730%	128	274
3.3 管廊监测	元	11041	6.600%	309	662
3.4 通风工程	元	1045	0.630%	29	63
3.5 管廊支架	元	2060	1.230%	58	124

土建主要工程数量和主要工料数量

主要工程数量				主要工料数量			
项目	单位	数量	建筑体积指标（每 m³）	项目	单位	数量	建筑体积指标（每 m³）
土方开挖	m³	102.040	2.858	土建人工	工日	200.692	5.622
混凝土垫层	m³	1.390	0.039	预拌混凝土	m³	33.225	0.931
钢筋混凝土底板	m³	5.480	0.154				
钢筋混凝土侧墙	m³	5.710	0.160	钢材	t	4.835	0.135
钢筋混凝土顶板	m³	5.480	0.154	木材	m³	0.134	0.004
放坡及土钉（主线长度）	m	0.045	0.001	黄砂	t	49.878	1.397
桩撑（主线长度）	m	0.600	0.017	其他材料费	元	19096.430	534.910
一侧桩锚一侧土钉（主线长度）	m	0.355	0.010	机械使用费	元	7925.010	221.990

续前

设备主要数量（618m）		
项目及规格	单位	数量
一、给排水消防		
手提式磷酸铵盐干粉灭火器 5kg/ 超细干粉灭火器 3kg	台	430/277
二、电气工程		
2×400kV·A 变压器	台	1
动力配电箱	台	14
照明配电箱	台	28
应急照明主机	台	1
三、管廊监测		
网络枪式摄像机	台	49
网络红外半球摄像机	台	22
气体检测仪	台	108
光纤分布式测温主机	台	9
弱电配电箱	台	15
四、通风工程		
排风、排烟机（双速离心柜式风机、防爆）	台	20
五、管廊支架		
镀锌支架	t	104

单位：m

指标编号	1F-18		构筑物名称	标准段 4 舱	
结构特征：结构内径（2.000+2.000+3.600+1.900）m × 3.000m，底板厚 450mm，外壁厚 450mm，内壁厚 250mm，顶板厚 450mm，部分桩撑，部分桩锚加土钉支护					
建筑体积	28.500m³		混凝土体积	15.240m³	
项目	单位	构筑物	占指标基价的百分比	折合指标	
				建筑体积（元/m³）	混凝土体积（元/m³）
1. 指标基价	元	150143	100%	5268	9852
2. 建筑安装工程费	元	133143	88.680%	4672	8736
2.1 建筑工程费	元	103516	68.940%	3632	6792
2.2 安装工程费	元	29627	19.730%	1040	1944
3. 设备购置费	元	16999	11.320%	596	1115
3.1 给排水消防	元	1697	1.130%	60	111
3.2 电气工程	元	3654	2.430%	128	240
3.3 管廊监测	元	8833	5.880%	310	580
3.4 通风工程	元	836	0.560%	29	55
3.5 管廊支架	元	1979	1.320%	69	130

土建主要工程数量和主要工料数量

主要工程数量				主要工料数量			
项目	单位	数量	建筑体积指标（每 m³）	项目	单位	数量	建筑体积指标（每 m³）
土方开挖	m³	81.460	2.858	土建人工	工日	191.072	6.704
混凝土垫层	m³	1.140	0.040	预拌混凝土	m³	30.687	1.077
钢筋混凝土底板	m³	5.020	0.176				
钢筋混凝土侧墙	m³	5.200	0.182	钢材	t	4.564	0.160
钢筋混凝土顶板	m³	5.020	0.176	木材	m³	0.127	0.004
放坡及土钉（主线长度）	m	0.045	0.002	黄砂	t	49.878	1.750
桩撑（主线长度）	m	0.600	0.021	其他材料费	元	19348.880	678.910
一侧桩锚一侧土钉（主线长度）	m	0.355	0.012	机械使用费	元	7226.660	253.570

续前

设备主要数量（57m）		
项目及规格	单位	数量
一、给排水消防		
手提式磷酸铵盐干粉灭火器 5kg/ 超细干粉灭火器 3kg	台	150/97
二、电气工程		
2×400kV·A 变压器	台	1
动力配电箱	台	5
照明配电箱	台	10
应急照明主机	台	1
三、管廊监测		
网络枪式摄像机	台	17
网络红外半球摄像机	台	8
气体检测仪	台	38
光纤分布式测温主机	台	3
弱电配电箱	台	5
四、通风工程		
排风、排烟机（双速离心柜式风机、防爆）	台	10
五、管廊支架		
镀锌支架	t	43

单位：m

指标编号		1F-19	构筑物名称	标准段 2 舱	
结构特征：结构内径（5.600+2.800）m × 3.400m，底板厚 550~700mm，外壁厚 550mm，内壁厚 250mm，顶板厚 550~700mm，桩锚支护					
建筑体积		28.560m^3	混凝土体积	18.300m^3	
项目	单位	构筑物	占指标基价的百分比	折合指标	
				建筑体积（元 /m^3）	混凝土体积（元 /m^3）
1. 指标基价	元	187205	100%	6555	10230
2. 建筑安装工程费	元	177840	95.000%	6227	9718
2.1 建筑工程费	元	149934	80.090%	5250	8193
2.2 安装工程费	元	27906	14.910%	977	1525
3. 设备购置费	元	9365	5.000%	328	512
3.1 给排水消防	元	994	0.530%	35	54
3.2 电气工程	元	354	0.190%	12	19
3.3 管廊监测	元	4025	2.150%	141	220
3.4 通风工程	元	142	0.080%	5	8
3.5 管廊支架	元	3849	2.060%	135	210

土建主要工程数量和主要工料数量

主要工程数量				主要工料数量			
项目	单位	数量	建筑体积指标（每 m^3）	项目	单位	数量	建筑体积指标（每 m^3）
土方开挖	m^3	115.000	4.027	土建人工	工日	305.000	10.679
混凝土垫层	m^3	1.500	0.053	预拌混凝土	m^3	35.090	1.229
钢筋混凝土底板	m^3	7.200	0.252	钢材	t	11.280	0.395
钢筋混凝土侧墙	m^3	3.800	0.133	木材	m^3	0.110	0.004
钢筋混凝土顶板	m^3	7.300	0.256	碎（砾）石	t	48.820	1.709
降水	m	2.000	0.070	其他材料费	元	3768.000	131.930
桩锚支护（主线长度）	m	1.000	0.035	机械使用费	元	15426.000	540.130

续前

设备主要数量（306m）		
项目及规格	单位	数量
一、给排水消防		
潜水泵 Q=36m^3/h H=10m N=2.200kW	台	5
超细干粉灭火器（进口）	个	112
二、电气工程		
动力配电柜	台	1
水泵控制箱	台	1
照明配电箱（含应急照明）	台	4
三、管廊监测		
H_2S 有害气体检测仪	台	4
O_2 有害气体检测仪	台	4
CH_4 有害气体检测仪	台	4
温湿度检测仪	台	4
超声波一体气体检测仪	台	1
投入式水位检测仪器	台	1
光电烟感探测器	台	9
光纤分布式测温机	台	1
四、通风工程		
排风机	台	2
五、管廊支架		
镀锌角钢电缆 Q235B ∟63×40 L=3m 电缆支架 L=1.600m，7 层	根	504
Q235B ∟50×5 L=0.5m 电缆支架	根	3928
Q235B ∟50×5 L=0.5m 电缆支架成品	根	5042
Q235B ∟50×5 L=0.7m 电缆支架	根	1513
Q235B ∟50×5 L=2.8m 电缆支架成品	根	252
Q235B ∟50×5 L=1.8m 电缆支架成品	根	252

单位：m

指标编号	1F-20		构筑物名称	标准段 4 舱	
结构特征：结构内径（2.800+2.800+2.250+6.800）m × 3.400m，底板厚 550~700mm，外壁厚 550mm，内壁厚 250mm，顶板厚 550~700mm，桩锚支护					
建筑体积	49.810m^3		混凝土体积	29.700m^3	
项目	单位	构筑物	占指标基价的百分比	折合指标	
				建筑体积（元 /m^3）	混凝土体积（元 /m^3）
1. 指标基价	元	327697	100%	7989	11034
2. 建筑安装工程费	元	298071	90.960%	7266	10036
2.1 建筑工程费	元	235851	71.970%	5750	7941
2.2 安装工程费	元	62220	18.990%	1517	2095
3. 设备购置费	元	29626	9.040%	722	998
3.1 给排水消防	元	1970	0.600%	48	66
3.2 电气工程	元	892	0.270%	22	30
3.3 管廊监测	元	7709	2.350%	188	260
3.4 通风工程	元	333	0.100%	8	11
3.5 管廊支架	元	18723	5.710%	456	630

土建主要工程数量和主要工料数量

主要工程数量				主要工料数量			
项目	单位	数量	建筑体积指标（每 m^3）	项目	单位	数量	建筑体积指标（每 m^3）
土方开挖	m^3	266.500	6.497	土建人工	工日	486.590	11.862
混凝土垫层	m^3	2.500	0.061	预拌混凝土	m^3	54.320	1.324
钢筋混凝土底板	m^3	12.100	0.295	钢材	t	17.590	0.429
钢筋混凝土侧墙	m^3	5.300	0.129	木材	m^3	0.168	0.004
钢筋混凝土顶板	m^3	12.300	0.300	碎（砾）石	t	92.808	2.263
降水	m	2.000	0.049	其他材料费	元	5806.000	141.540
桩锚支护（主线长度）	m	1.000	0.024	机械使用费	元	24324.000	592.980

续前

设备主要数量（3416m）		
项目及规格	单位	数量
一、给排水消防		
潜水泵 Q=36m^3/h H=10m N=2.2kW	台	64
超细干粉灭火器（进口）	个	1854
二、电气工程		
2×400kV·A 照明箱式变电站	座	3
动力配电柜	台	30
水泵控制箱	台	26
照明配电箱（含应急照明）	台	66
三、管廊监测		
H_2S 有害气体检测仪	台	72
O_2 有害气体检测仪	台	64
CH_4 有害气体检测仪	台	72
温湿度检测仪	台	64
超声波一体气体检测仪	台	5
投入式水位检测仪器	台	5
光电烟感探测器	台	70
光纤分布式测温机	台	11
四、通风工程		
排风机	台	63
五、管廊支架		
Q235B ∟63×40 L=3.0m 电缆支架	根	13266
Q235B ∟63×40 L=3.0m 电缆支架成品	根	3812
Q235B ∟50×5 L=0.5m 电缆支架	根	104297
Q235B ∟50×5 L=0.5m 电缆支架成品	根	90338
Q235B ∟50×5 L=0.7m 电缆支架	根	79596
Q235B ∟50×5 L=2.0m 电缆支架成品	根	3812

2.2 吊　装　口

单位：m

指标编号	2F-01		构筑物名称	吊装口	
结构特征：底板厚 600mm，壁板厚 600mm，顶板厚 350mm					
建筑体积	36.750m^3		混凝土体积	17.490m^3	
项目	单位	构筑物	占指标基价的百分比	折合指标	
				建筑体积（元/m^3）	混凝土体积（元/m^3）
指标基价	元	53366	100%	1452	3051

土建主要工程数量和主要工料数量

主要工程数量				主要工料数量			
项目	单位	数量	建筑体积指标（每 m^3）	项目	单位	数量	建筑体积指标（每 m^3）
土方开挖	m^3	68.467	1.863	土建人工	工日	120.429	3.277
混凝土垫层	m^3	0.695	0.019	预拌混凝土	m^3	17.745	0.483
钢筋混凝土底板	m^3	4.095	0.111	钢材	t	3.287	0.089
钢筋混凝土侧墙	m^3	9.911	0.270	木材	m^3	0.191	0.005
钢筋混凝土顶板	m^3	3.413	0.093	黄砂	t	0.475	0.013
				碎石	t	0.595	0.016
				其他材料费	元	14935.270	406.400
				机械使用费	元	3825.240	104.090

单位：m

指标编号	2F-02		构筑物名称	吊装口	
结构特征：底板厚 600mm，壁板厚 600mm，顶板厚 350mm					
建筑体积	41.060m^3		混凝土体积	16.840m^3	
项目	单位	构筑物	占指标基价的百分比	折合指标	
				建筑体积（元/m^3）	混凝土体积（元/m^3）
指标基价	元	69814	100%	1700	4146

土建主要工程数量和主要工料数量

主要工程数量				主要工料数量			
项目	单位	数量	建筑体积指标（每 m^3）	项目	单位	数量	建筑体积指标（每 m^3）
土方开挖	m^3	56.210	1.369	土建人工	工日	177.475	4.322
混凝土垫层	m^3	2.129	0.052	预拌混凝土	m^3	18.105	0.441
钢筋混凝土底板	m^3	3.920	0.095	钢材	t	3.173	0.077
钢筋混凝土侧墙	m^3	8.297	0.202	木材	m^3	0.187	0.005
钢筋混凝土顶板	m^3	4.624	0.113	黄砂	t	43.457	1.058
				其他材料费	元	9323.590	227.070
				机械使用费	元	7184.050	174.960

单位：m

指标编号	2F-03		构筑物名称	吊装口	
结构特征：底板厚 600mm，壁板厚 600mm，顶板厚 600mm					
建筑体积	$61.870m^3$		混凝土体积	$27.100m^3$	
项目	单位	构筑物	占指标基价的百分比	折合指标	
				建筑体积（元 /m^3）	混凝土体积（元 /m^3）
指标基价	元	60587	100%	979	2236

土建主要工程数量和主要工料数量

主要工程数量				主要工料数量			
项目	单位	数量	建筑体积指标（每 m^3）	项目	单位	数量	建筑体积指标（每 m^3）
土方开挖	m^3	80.553	1.302	土建人工	工日	162.863	2.632
混凝土垫层	m^3	1.300	0.021	预拌混凝土	m^3	27.642	0.447
钢筋混凝土底板	m^3	7.680	0.124	钢材	t	5.171	0.084
				木材	m^3	0.101	0.002
钢筋混凝土侧墙	m^3	11.178	0.181	黄砂	t	1.806	0.029
				碎石	t	0.198	0.003
钢筋混凝土顶板	m^3	8.242	0.133	其他材料费	元	5078.020	82.080
井点	根	1.684	0.027	机械使用费	元	3977.430	64.290

单位：m

指标编号	2F-04		构筑物名称	吊装口	
结构特征：底板厚 700mm，壁板厚 700mm，顶板厚 400mm					
建筑体积	$43.250m^3$		混凝土体积	$22.560m^3$	
项目	单位	构筑物	占指标基价的百分比	折合指标	
				建筑体积（元 /m^3）	混凝土体积（元 /m^3）
指标基价	元	57393	100%	1327	2544

土建主要工程数量和主要工料数量

主要工程数量				主要工料数量			
项目	单位	数量	建筑体积指标（每 m^3）	项目	单位	数量	建筑体积指标（每 m^3）
土方开挖	m^3	145.440	3.363	土建人工	工日	121.205	2.802
混凝土垫层	m^3	1.100	0.025	预拌混凝土	m^3	24.705	0.571
钢筋混凝土底板	m^3	7.560	0.175	钢材	t	4.094	0.095
钢筋混凝土侧墙	m^3	10.065	0.233	木材	m^3	0.089	0.002
				黄砂	m^3	1.087	0.025
钢筋混凝土顶板	m^3	4.939	0.114	其他材料费	元	97.360	2.250
井点	根	1.667	0.039	机械使用费	元	4742.120	109.640

单位：m

指标编号	2F-05			构筑物名称	吊装口			
结构特征：底板厚 400mm，壁板厚 350mm，顶板厚 350mm								
建筑体积	41.920m³			混凝土体积	14.560m³			
项目	单位	构筑物		占指标基价的百分比	折合指标			
					建筑体积（元/m³）		混凝土体积（元/m³）	
指标基价	元	43317		100%	1033		2975	
土建主要工程数量和主要工料数量								
主要工程数量				主要工料数量				
项目	单位	数量	建筑体积指标（每 m³）	项目	单位	数量	建筑体积指标（每 m³）	
土方开挖	m³	99.611	2.376	土建人工	工日	83.283	1.987	
混凝土垫层	m³	0.895	0.021	预拌混凝土	m³	16.777	0.400	
钢筋混凝土底板	m³	3.540	0.084	钢材	t	2.780	0.066	
钢筋混凝土侧墙	m³	6.673	0.159	木材	m³	0.276	0.007	
钢筋混凝土顶板	m³	4.349	0.104	黄砂	t	0.719	0.017	
				其他材料费	元	5154.100	122.950	
				机械使用费	元	2143.990	51.140	

单位：m

指标编号	2F-06			构筑物名称	吊装口		
结构特征：底板厚 450mm，壁板厚 450mm，顶板厚 700mm，土钉支护							
建筑体积	41.510m³			混凝土体积	23.060m³		
项目	单位	构筑物		占指标基价的百分比	折合指标		
					建筑体积（元/m³）		混凝土体积（元/m³）
指标基价	元	114245		100%	2752		4954
土建主要工程数量和主要工料数量							
主要工程数量				主要工料数量			
项目	单位	数量	建筑体积指标（每 m³）	项目	单位	数量	建筑体积指标（每 m³）
土方开挖	m³	135.000	3.252	土建人工	工日	125.410	3.021
混凝土垫层	m³	1.191	0.029	预拌混凝土	m³	25.108	0.605
钢筋混凝土底板	m³	5.876	0.142	钢材	t	5.032	0.121
钢筋混凝土侧墙	m³	10.722	0.258	木材	m³	0.401	0.010
钢筋混凝土顶板	m³	6.465	0.156	黄砂	t	90.135	2.172
井点无缝钢管 45×3	m	0.143	0.003	其他材料费	元	2902.960	69.940
土钉	m	46.000	1.108	机械使用费	元	8399.880	202.370

单位：m

指标编号	2F-07			构筑物名称	吊装口		
结构特征：底板厚 500mm，壁板厚 900mm，顶板厚 900mm，桩锚支护							
建筑体积	$62.690m^3$			混凝土体积	$39.920m^3$		
项目	单位	构筑物		占指标基价的百分比	折合指标		
					建筑体积（元 /m^3）		混凝土体积（元 /m^3）
指标基价	元	134392		100%	2144		3366
土建主要工程数量和主要工料数量							
主要工程数量				主要工料数量			
项目	单位	数量	建筑体积指标（每 m^3）	项目	单位	数量	建筑体积指标（每 m^3）
土方开挖	m^3	138.667	2.212	土建人工	工日	238.878	3.810
混凝土垫层	m^3	3.040	0.048	预拌混凝土	m^3	60.303	0.962
钢筋混凝土底板	m^3	15.000	0.239	钢材	t	9.707	0.155
钢筋混凝土侧墙	m^3	9.920	0.158	木材	m^3	0.443	0.007
钢筋混凝土顶板	m^3	15.000	0.239	黄砂	t	9.242	0.147
井点无缝钢管 45×3	m	2.044	0.033	其他材料费	元	2192.140	34.970
桩锚支护（主线长度）	m	0.625	0.010	机械使用费	元	5258.310	83.870

单位：m

指标编号	2F-08			构筑物名称	吊装口		
结构特征：底板厚 450mm，壁板厚 400mm，顶板厚 300mm，拉森钢板桩支护							
建筑体积	$18.980m^3$			混凝土体积	$14.850m^3$		
项目	单位	构筑物		占指标基价的百分比	折合指标		
					建筑体积（元 /m^3）		混凝土体积（元 /m^3）
指标基价	元	52457		100%	2764		3533
土建主要工程数量和主要工料数量							
主要工程数量				主要工料数量			
项目	单位	数量	建筑体积指标（每 m^3）	项目	单位	数量	建筑体积指标（每 m^3）
土方开挖	m^3	62.350	3.285	土建人工	工日	124.582	6.564
混凝土垫层	m^3	0.680	0.036	预拌混凝土	m^3	16.776	0.884
钢筋混凝土底板	m^3	3.050	0.161	钢材	t	2.802	0.148
钢筋混凝土侧墙	m^3	8.077	0.426	木材	m^3	0.047	0.002
钢筋混凝土顶板	m^3	3.720	0.196	黄砂	t	1.396	0.074
拉森钢板桩	t	5.775	0.304	其他材料费	元	10955.760	577.230
钢支撑	t	1.842	0.097	机械使用费	元	4546.340	239.530

单位：m

指标编号	2F-09			构筑物名称	吊装口		
结构特征：底板厚 450mm，壁板厚 400mm，顶板厚 300mm，拉森钢板桩支护							
建筑体积	27.070m^3			混凝土体积	18.340m^3		
项目	单位	构筑物		占指标基价的百分比	折合指标		
					建筑体积（元/m^3）		混凝土体积（元/m^3）
指标基价	元	68707		100%	2538		3746
土建主要工程数量和主要工料数量							
主要工程数量				主要工料数量			
项目	单位	数量	建筑体积指标（每 m^3）	项目	单位	数量	建筑体积指标（每 m^3）
土方开挖	m^3	84.825	3.134	土建人工	工日	152.969	5.651
混凝土垫层	m^3	0.990	0.037	预拌混凝土	m^3	16.827	0.622
钢筋混凝土底板	m^3	4.485	0.166	钢材	t	3.753	0.139
钢筋混凝土侧墙	m^3	9.583	0.354	木材	m^3	0.055	0.002
钢筋混凝土顶板	m^3	4.274	0.158	黄砂	t	1.260	0.047
拉森钢板桩	t	5.131	0.190	其他材料费	元	16196.620	598.320
钢支撑	t	1.931	0.071	机械使用费	元	6926.520	255.870

单位：m

指标编号	2F-10			构筑物名称	吊装口		
结构特征：底板厚 450mm，壁板厚 450mm，顶板厚 700mm，土钉支护							
建筑体积	41.510m^3			混凝土体积	23.060m^3		
项目	单位	构筑物		占指标基价的百分比	折合指标		
					建筑体积（元/m^3）		混凝土体积（元/m^3）
指标基价	元	114245		100%	2752		4954
土建主要工程数量和主要工料数量							
主要工程数量				主要工料数量			
项目	单位	数量	建筑体积指标（每 m^3）	项目	单位	数量	建筑体积指标（每 m^3）
土方开挖	m^3	135.000	3.252	土建人工	工日	125.410	3.021
混凝土垫层	m^3	1.191	0.029	预拌混凝土	m^3	25.108	0.605
钢筋混凝土底板	m^3	5.876	0.142	钢材	t	5.032	0.121
钢筋混凝土侧墙	m^3	10.722	0.258	木材	m^3	0.401	0.010
钢筋混凝土顶板	m^3	6.465	0.156	黄砂	t	90.135	2.172
井点无缝钢管 45×3	m	0.143	0.003	其他材料费	元	2902.960	69.940
土钉	m	46.000	1.108	机械使用费	元	8399.880	202.370

2.3 通 风 口

单位：m

指标编号	3F-01		构筑物名称	通风口	
结构特征：底板厚 400mm，壁板厚 400mm，顶板厚 350mm					
建筑体积	$30.290m^3$		混凝土体积	$14.050m^3$	
项目	单位	构筑物	占指标基价的百分比	折合指标	
				建筑体积（元 /m^3）	混凝土体积（元 /m^3）
指标基价	元	50500	100%	1667	3594

土建主要工程数量和主要工料数量

主要工程数量				主要工料数量			
项目	单位	数量	建筑体积指标（每 m^3）	项目	单位	数量	建筑体积指标（每 m^3）
土方开挖	m^3	69.658	2.300	土建人工	工日	105.671	3.489
				预拌混凝土	m^3	14.224	0.470
混凝土垫层	m^3	1.980	0.065	钢材	t	2.635	0.087
钢筋混凝土底板	m^3	3.571	0.118	木材	m^3	0.170	0.006
				黄砂	t	0.450	0.015
钢筋混凝土侧墙	m^3	7.360	0.243	碎石	t	0.523	0.017
				其他材料费	元	14144.690	466.980
钢筋混凝土顶板	m^3	2.747	0.091	机械使用费	元	3570.170	117.870

单位：m

指标编号	3F-02		构筑物名称	通风口	
结构特征：底板厚 400mm，壁板厚 350mm，顶板厚 200mm					
建筑体积	$18.410m^3$		混凝土体积	$8.040m^3$	
项目	单位	构筑物	占指标基价的百分比	折合指标	
				建筑体积（元 /m^3）	混凝土体积（元 /m^3）
指标基价	元	33393	100%	1814	4153

土建主要工程数量和主要工料数量

主要工程数量				主要工料数量			
项目	单位	数量	建筑体积指标（每 m^3）	项目	单位	数量	建筑体积指标（每 m^3）
土方开挖	m^3	50.685	2.753	土建人工	工日	83.385	4.529
				预拌混凝土	m^3	8.367	0.454
混凝土垫层	m^3	0.744	0.040	钢材	t	1.445	0.078
钢筋混凝土底板	m^3	2.320	0.126	木材	m^3	0.109	0.006
				黄砂	t	18.330	0.996
钢筋混凝土侧墙	m^3	4.339	0.236	其他材料费	元	4233.110	229.940
钢筋混凝土顶板	m^3	1.385	0.075	机械使用费	元	3290.620	178.740

单位：m

指标编号	3F-03		构筑物名称	通风口	
结构特征：底板厚 600mm，壁板厚 600mm，顶板厚 600mm					
建筑体积	58.810m^3		混凝土体积	29.070m^3	
项目	单位	构筑物	占指标基价的百分比	折合指标	
				建筑体积（元/m^3）	混凝土体积（元/m^3）
指标基价	元	62352	100%	1060	2145

土建主要工程数量和主要工料数量

主要工程数量

项目	单位	数量	建筑体积指标（每 m^3）
土方开挖	m^3	172.218	2.928
混凝土垫层	m^3	2.459	0.042
钢筋混凝土底板	m^3	8.229	0.140
钢筋混凝土侧墙	m^3	11.509	0.196
钢筋混凝土顶板	m^3	9.334	0.159
井点	根	1.700	0.029

主要工料数量

项目	单位	数量	建筑体积指标（每 m^3）
土建人工	工日	174.624	2.969
预拌混凝土	m^3	29.653	0.504
钢材	t	5.429	0.092
木材	m^3	0.108	0.002
黄砂	t	1.894	0.032
碎石	t	0.024	0.000
其他材料费	元	4555.820	77.470
机械使用费	元	4040.330	68.700

单位：m

指标编号	3F-04		构筑物名称	通风口	
结构特征：底板厚 500mm，壁板厚 500mm，顶板厚 300mm					
建筑体积	26.010m^3		混凝土体积	17.470m^3	
项目	单位	构筑物	占指标基价的百分比	折合指标	
				建筑体积（元/m^3）	混凝土体积（元/m^3）
指标基价	元	50462	100%	1940	2888

土建主要工程数量和主要工料数量

主要工程数量

项目	单位	数量	建筑体积指标（每 m^3）
土方开挖	m^3	129.700	4.987
混凝土垫层	m^3	3.347	0.129
钢筋混凝土底板	m^3	5.499	0.211
钢筋混凝土侧墙	m^3	7.612	0.293
钢筋混凝土顶板	m^3	4.355	0.167
井点	根	1.667	0.064

主要工料数量

项目	单位	数量	建筑体积指标（每 m^3）
土建人工	工日	104.594	4.021
预拌混凝土	m^3	21.704	0.834
钢材	t	3.121	0.120
木材	m^3	0.090	0.003
黄砂	t	1.213	0.047
其他材料费	元	1088.340	41.840
机械使用费	元	4263.500	163.920

单位：m

指标编号	3F-05			构筑物名称		通风口	
结构特征：底板厚 450mm，壁板厚 350mm，顶板厚 350mm							
建筑体积	$24.370m^3$			混凝土体积		$9.010m^3$	
项目	单位	构筑物		占指标基价的百分比		折合指标	
						建筑体积（元/m^3）	混凝土体积（元/m^3）
指标基价	元	25290		100%		1038	2807
土建主要工程数量和主要工料数量							
主要工程数量				主要工料数量			
项目	单位	数量	建筑体积指标（每 m^3）	项目	单位	数量	建筑体积指标（每 m^3）
土方开挖	m^3	66.719	2.738	土建人工	工日	53.117	2.180
混凝土垫层	m^3	0.748	0.031	预拌混凝土	m^3	9.006	0.370
钢筋混凝土底板	m^3	1.974	0.081	钢材	t	1.664	0.068
钢筋混凝土侧墙	m^3	4.595	0.189	木材	m^3	0.168	0.007
钢筋混凝土顶板	m^3	2.437	0.100	黄砂	t	0.373	0.015
				其他材料费	元	1437.580	58.990
				机械使用费	元	1357.050	55.690

单位：m

指标编号	3F-06			构筑物名称		通风口	
结构特征：底板厚 450mm，壁板厚 400mm，顶板厚 300mm，拉森钢板桩支护							
建筑体积	$12.470m^3$			混凝土体积		$16.310m^3$	
项目	单位	构筑物		占指标基价的百分比		折合指标	
						建筑体积（元/m^3）	混凝土体积（元/m^3）
指标基价	元	55821		100%		4476	3423
土建主要工程数量和主要工料数量							
主要工程数量				主要工料数量			
项目	单位	数量	建筑体积指标（每 m^3）	项目	单位	数量	建筑体积指标（每 m^3）
土方开挖	m^3	46.883	3.760	土建人工	工日	140.050	11.231
混凝土垫层	m^3	0.526	0.042	预拌混凝土	m^3	18.320	1.469
钢筋混凝土底板	m^3	1.846	0.148	钢材	t	2.973	0.238
钢筋混凝土侧墙	m^3	10.837	0.869	木材	m^3	0.049	0.004
钢筋混凝土顶板	m^3	3.625	0.291	黄砂	t	1.396	0.112
拉森钢板桩	t	5.775	0.463	其他材料费	元	11187.400	897.140
钢支撑	t	1.842	0.148	机械使用费	元	4477.670	359.080

单位：m

指标编号	3F-07		构筑物名称	通风口			
结构特征：底板厚 450mm，壁板厚 400mm，顶板厚 300mm，拉森钢板桩支护							
建筑体积	11.500m^3		混凝土体积	14.670m^3			
项目	单位	构筑物	占指标基价的百分比	折合指标			
				建筑体积（元/m^3）		混凝土体积（元/m^3）	
指标基价	元	52304	100%	4548		3566	
土建主要工程数量和主要工料数量							
主要工程数量				主要工料数量			
项目	单位	数量	建筑体积指标（每 m^3）	项目	单位	数量	建筑体积指标（每 m^3）
土方开挖	m^3	46.883	4.077	土建人工	工日	130.570	11.354
混凝土垫层	m^3	0.526	0.046	预拌混凝土	m^3	16.197	1.408
钢筋混凝土底板	m^3	1.846	0.161	钢材	t	2.683	0.233
钢筋混凝土侧墙	m^3	9.582	0.833	木材	m^3	0.046	0.004
钢筋混凝土顶板	m^3	3.240	0.282	黄砂	t	1.396	0.121
拉森钢板桩	t	5.775	0.502	其他材料费	元	11319.940	984.340
钢支撑	t	1.842	0.160	机械使用费	元	4411.830	383.640

单位：m

指标编号	3F-08		构筑物名称	通风口			
结构特征：底板厚 450mm，壁板厚 400mm，顶板厚 300mm，拉森钢板桩支护							
建筑体积	10.530m^3		混凝土体积	18.800m^3			
项目	单位	构筑物	占指标基价的百分比	折合指标			
				建筑体积（元/m^3）		混凝土体积（元/m^3）	
指标基价	元	65445	100%	6215		3481	
土建主要工程数量和主要工料数量							
主要工程数量				主要工料数量			
项目	单位	数量	建筑体积指标（每 m^3）	项目	单位	数量	建筑体积指标（每 m^3）
土方开挖	m^3	70.158	6.663	土建人工	工日	156.672	14.879
混凝土垫层	m^3	0.875	0.083	预拌混凝土	m^3	20.821	1.977
钢筋混凝土底板	m^3	3.073	0.292	钢材	t	3.800	0.361
钢筋混凝土侧墙	m^3	10.244	0.973	木材	m^3	0.052	0.005
钢筋混凝土顶板	m^3	5.482	0.521	黄砂	t	1.260	0.120
拉森钢板桩	t	5.131	0.487	其他材料费	元	10662.620	1012.590
钢支撑	t	1.931	0.183	机械使用费	元	6762.730	642.230

单位：m

指标编号	3F-09		构筑物名称	通风口	
结构特征：底板厚 500mm，壁板厚 400mm，顶板厚 350mm，土钉支护					
建筑体积	$47.520m^3$		混凝土体积	$24.170m^3$	
项目	单位	构筑物	占指标基价的百分比	折合指标	
				建筑体积（元 /m^3）	混凝土体积（元 /m^3）
指标基价	元	83723	100%	1762	3464

土建主要工程数量和主要工料数量

主要工程数量				主要工料数量			
项目	单位	数量	建筑体积指标（每 m^3）	项目	单位	数量	建筑体积指标（每 m^3）
土方开挖	m^3	162.000	3.410	土建人工	工日	145.538	3.063
混凝土垫层	m^3	1.737	0.037	预拌混凝土	m^3	24.652	0.519
钢筋混凝土底板	m^3	8.180	0.344	钢材	t	4.780	0.101
钢筋混凝土侧墙	m^3	10.259	0.216	木材	m^3	0.205	0.004
钢筋混凝土顶板	m^3	5.730	0.121	黄砂	t	102.564	2.158
井点无缝钢管 45×3	m	0.143	0.003	其他材料费	元	1965.310	41.360
土钉	m	54.000	1.136	机械使用费	元	1464.170	30.810

单位：m

指标编号	3F-10		构筑物名称	通风口	
结构特征：底板厚 400mm，壁板厚 400mm，顶板厚 400mm，部分桩撑，部分桩锚加土钉支护					
建筑体积	$63.440m^3$		混凝土体积	$30.950m^3$	
项目	单位	构筑物	占指标基价的百分比	折合指标	
				建筑体积（元 /m^3）	混凝土体积（元 /m^3）
指标基价	元	150463	100%	2372	4861

土建主要工程数量和主要工料数量

主要工程数量				主要工料数量			
项目	单位	数量	建筑体积指标（每 m^3）	项目	单位	数量	建筑体积指标（每 m^3）
土方开挖	m^3	101.997	1.608	土建人工	工日	256.046	4.036
混凝土垫层	m^3	1.430	0.023	预拌混凝土	m^3	46.437	0.732
钢筋混凝土底板	m^3	6.960	0.110	钢材	t	7.473	0.118
钢筋混凝土侧墙	m^3	11.773	0.186	木材	m^3	0.129	0.002
钢筋混凝土顶板	m^3	12.211	0.192	黄砂	t	53.404	0.842
放坡及土钉（主线长度）	m	0.133	0.002	其他材料费	元	25555.830	402.830
桩撑（主线长度）	m	0.397	0.006	机械使用费	元	7972.460	125.670
一侧桩锚一侧土钉（主线长度）	m	0.470	0.007				

2.4 管线分支口

单位：m

指标编号	4F-01			构筑物名称	管线分支口			
结构特征：底板厚500mm，壁板厚500mm，顶板厚500mm								
建筑体积	$30.510m^3$			混凝土体积	$15.480m^3$			
项目	单位	构筑物		占指标基价的百分比	折合指标			
					建筑体积（元/m^3）		混凝土体积（元/m^3）	
指标基价	元	48326		100%	1584		3122	
土建主要工程数量和主要工料数量								
主要工程数量				主要工料数量				
项目	单位	数量	建筑体积指标（每m^3）	项目	单位	数量	建筑体积指标（每m^3）	
土方开挖	m^3	112.474	3.686	土建人工	工日	131.221	4.301	
				预拌混凝土	m^3	15.715	0.515	
混凝土垫层	m^3	1.787	0.059	钢材	t	2.889	0.095	
钢筋混凝土底板	m^3	4.700	0.154	木材	m^3	0.166	0.005	
				黄砂	t	0.415	0.014	
钢筋混凝土侧墙	m^3	7.727	0.253	碎石	t	0.421	0.014	
				其他材料费	元	12450.560	408.080	
钢筋混凝土顶板	m^3	3.056	0.100	机械使用费	元	5070.900	166.200	

单位：m

指标编号	4F-02			构筑物名称	管线分支口		
结构特征：底板厚450mm，壁板厚350mm，顶板厚300mm							
建筑体积	$42.550m^3$			混凝土体积	$15.770m^3$		
项目	单位	构筑物		占指标基价的百分比	折合指标		
					建筑体积（元/m^3）		混凝土体积（元/m^3）
指标基价	元	63377		100%	1489		4019
土建主要工程数量和主要工料数量							
主要工程数量				主要工料数量			
项目	单位	数量	建筑体积指标（每m^3）	项目	单位	数量	建筑体积指标（每m^3）
土方开挖	m^3	123.391	2.900	土建人工	工日	159.174	3.741
				预拌混凝土	m^3	15.844	0.372
混凝土垫层	m^3	1.274	0.030	钢材	t	2.778	0.065
钢筋混凝土底板	m^3	5.707	0.134	木材	m^3	0.197	0.005
钢筋混凝土侧墙	m^3	5.997	0.141	黄砂	t	44.022	1.035
				其他材料费	元	8633.400	202.900
钢筋混凝土顶板	m^3	3.830	0.090	机械使用费	元	7238.620	170.120

单位：m

指标编号	4F-03			构筑物名称	管线分支口	
结构特征：底板厚600mm，壁板厚600mm，顶板厚600mm						
建筑体积	$57.230m^3$			混凝土体积	$35.450m^3$	
项目	单位	构筑物		占指标基价的百分比	折合指标	
					建筑体积（元/m^3）	混凝土体积（元/m^3）
指标基价	元	70992		100%	1240	2003

土建主要工程数量和主要工料数量

主要工程数量				主要工料数量			
项目	单位	数量	建筑体积指标（每m^3）	项目	单位	数量	建筑体积指标（每m^3）
土方开挖	m^3	190.197	3.323	土建人工	工日	104.600	1.828
混凝土垫层	m^3	5.870	0.103	预拌混凝土	m^3	36.157	0.632
钢筋混凝土底板	m^3	17.486	0.306	钢材	t	6.598	0.115
钢筋混凝土侧墙	m^3	9.759	0.171	木材	m^3	0.082	0.001
钢筋混凝土顶板	m^3	8.203	0.143	黄砂	t	1.538	0.027
井点	根	1.714	0.030	其他材料费	元	4128.370	72.140
				机械使用费	元	4195.250	73.310

单位：m

指标编号	4F-04			构筑物名称	管线分支口	
结构特征：底板厚500mm，壁板厚500mm，顶板厚400mm						
建筑体积	$30.470m^3$			混凝土体积	$15.480m^3$	
项目	单位	构筑物		占指标基价的百分比	折合指标	
					建筑体积（元/m^3）	混凝土体积（元/m^3）
指标基价	元	44736		100%	1468	2890

土建主要工程数量和主要工料数量

主要工程数量				主要工料数量			
项目	单位	数量	建筑体积指标（每m^3）	项目	单位	数量	建筑体积指标（每m^3）
土方开挖	m^3	136.500	4.480	土建人工	工日	90.941	2.985
混凝土垫层	m^3	1.004	0.033	预拌混凝土	m^3	17.153	0.563
钢筋混凝土底板	m^3	5.062	0.166	钢材	t	2.750	0.090
钢筋混凝土侧墙	m^3	6.826	0.224	木材	m^3	0.053	0.002
钢筋混凝土顶板	m^3	3.591	0.118	黄砂	t	0.807	0.026
井点	根	1.692	0.056	其他材料费	元	72.030	2.360
				机械使用费	元	4144.800	136.030

单位：m

<table>
<tr><td>指标编号</td><td colspan="2">4F-05</td><td>构筑物名称</td><td colspan="2">管线分支口</td></tr>
<tr><td colspan="6">结构特征：底板厚 400mm，壁板厚 350mm，顶板厚 350mm</td></tr>
<tr><td>建筑体积</td><td colspan="2">53.060m³</td><td>混凝土体积</td><td colspan="2">11.290m³</td></tr>
<tr><td rowspan="2">项目</td><td rowspan="2">单位</td><td rowspan="2">构筑物</td><td rowspan="2">占指标基价的百分比</td><td colspan="2">折合指标</td></tr>
<tr><td>建筑体积（元/m³）</td><td>混凝土体积（元/m³）</td></tr>
<tr><td>指标基价</td><td>元</td><td>34231</td><td>100%</td><td>645</td><td>3032</td></tr>
</table>

<table>
<tr><td colspan="8">土建主要工程数量和主要工料数量</td></tr>
<tr><td colspan="4">主要工程数量</td><td colspan="4">主要工料数量</td></tr>
<tr><td>项目</td><td>单位</td><td>数量</td><td>建筑体积指标（每 m³）</td><td>项目</td><td>单位</td><td>数量</td><td>建筑体积指标（每 m³）</td></tr>
<tr><td>土方开挖</td><td>m³</td><td>133.224</td><td>2.511</td><td>土建人工</td><td>工日</td><td>62.335</td><td>1.175</td></tr>
<tr><td>混凝土垫层</td><td>m³</td><td>0.961</td><td>0.018</td><td>预拌混凝土</td><td>m³</td><td>12.913</td><td>0.243</td></tr>
<tr><td>钢筋混凝土底板</td><td>m³</td><td>3.802</td><td>0.072</td><td>钢材</td><td>t</td><td>2.060</td><td>0.039</td></tr>
<tr><td>钢筋混凝土侧墙</td><td>m³</td><td>4.249</td><td>0.080</td><td>木材</td><td>m³</td><td>0.156</td><td>0.003</td></tr>
<tr><td>钢筋混凝土顶板</td><td>m³</td><td>3.241</td><td>0.061</td><td>黄砂</td><td>t</td><td>0.712</td><td>0.013</td></tr>
<tr><td></td><td></td><td></td><td></td><td>其他材料费</td><td>元</td><td>4086.210</td><td>77.010</td></tr>
<tr><td></td><td></td><td></td><td></td><td>机械使用费</td><td>元</td><td>2763.870</td><td>52.090</td></tr>
</table>

单位：m

<table>
<tr><td>指标编号</td><td colspan="2">4F-06</td><td>构筑物名称</td><td colspan="2">管线分支口</td></tr>
<tr><td colspan="6">结构特征：底板厚 450mm，壁板厚 400mm，顶板厚 300mm，拉森钢板桩支护</td></tr>
<tr><td>建筑体积</td><td colspan="2">27.590m³</td><td>混凝土体积</td><td colspan="2">10.030m³</td></tr>
<tr><td rowspan="2">项目</td><td rowspan="2">单位</td><td rowspan="2">构筑物</td><td rowspan="2">占指标基价的百分比</td><td colspan="2">折合指标</td></tr>
<tr><td>建筑体积（元/m³）</td><td>混凝土体积（元/m³）</td></tr>
<tr><td>指标基价</td><td>元</td><td>44564</td><td>100%</td><td>1615</td><td>4444</td></tr>
</table>

<table>
<tr><td colspan="8">土建主要工程数量和主要工料数量</td></tr>
<tr><td colspan="4">主要工程数量</td><td colspan="4">主要工料数量</td></tr>
<tr><td>项目</td><td>单位</td><td>数量</td><td>建筑体积指标（每 m³）</td><td>项目</td><td>单位</td><td>数量</td><td>建筑体积指标（每 m³）</td></tr>
<tr><td>土方开挖</td><td>m³</td><td>65.175</td><td>2.362</td><td>土建人工</td><td>工日</td><td>107.764</td><td>3.906</td></tr>
<tr><td>混凝土垫层</td><td>m³</td><td>0.601</td><td>0.022</td><td>预拌混凝土</td><td>m³</td><td>11.330</td><td>0.411</td></tr>
<tr><td>钢筋混凝土底板</td><td>m³</td><td>2.076</td><td>0.075</td><td>钢材</td><td>t</td><td>1.830</td><td>0.066</td></tr>
<tr><td>钢筋混凝土侧墙</td><td>m³</td><td>5.361</td><td>0.194</td><td>木材</td><td>m³</td><td>0.017</td><td>0.001</td></tr>
<tr><td>钢筋混凝土顶板</td><td>m³</td><td>2.591</td><td>0.094</td><td>黄砂</td><td>t</td><td>1.396</td><td>0.051</td></tr>
<tr><td>拉森钢板桩</td><td>t</td><td>5.775</td><td>0.209</td><td>其他材料费</td><td>元</td><td>13260.440</td><td>480.620</td></tr>
<tr><td>钢支撑</td><td>t</td><td>1.842</td><td>0.067</td><td>机械使用费</td><td>元</td><td>4206.300</td><td>152.460</td></tr>
</table>

单位：m

指标编号	4F-07		构筑物名称	管线分支口	
结构特征：底板厚 450mm，壁板厚 400mm，顶板厚 300mm，拉森钢板桩支护					
建筑体积	$35.900m^3$		混凝土体积	$8.750m^3$	
项目	单位	构筑物	占指标基价的百分比	折合指标	
				建筑体积（元/m^3）	混凝土体积（元/m^3）
指标基价	元	46447	100%	1294	5307

土建主要工程数量和主要工料数量

主要工程数量				主要工料数量			
项目	单位	数量	建筑体积指标（每 m^3）	项目	单位	数量	建筑体积指标（每 m^3）
土方开挖	m^3	58.334	1.625	土建人工	工日	109.372	3.047
混凝土垫层	m^3	0.634	0.018	预拌混凝土	m^3	9.922	0.276
钢筋混凝土底板	m^3	2.218	0.062	钢材	t	1.997	0.056
钢筋混凝土侧墙	m^3	3.998	0.111	木材	m^3	0.013	0.000
钢筋混凝土顶板	m^3	2.535	0.071	黄砂	t	1.260	0.035
拉森钢板桩	t	5.131	0.143	其他材料费	元	12253.260	341.320
钢支撑	t	1.931	0.054	机械使用费	元	6330.650	176.340

单位：m

指标编号	4F-08		构筑物名称	管线分支口	
结构特征：底板厚 500mm，壁板厚 400mm，顶板厚 500mm，桩锚支护					
建筑体积	$39.240m^3$		混凝土体积	$23.020m^3$	
项目	单位	构筑物	占指标基价的百分比	折合指标	
				建筑体积（元/m^3）	混凝土体积（元/m^3）
指标基价	元	163485	100%	4166	7103

土建主要工程数量和主要工料数量

主要工程数量				主要工料数量			
项目	单位	数量	建筑体积指标（每 m^3）	项目	单位	数量	建筑体积指标（每 m^3）
土方开挖	m^3	114.274	2.912	土建人工	工日	313.477	7.988
混凝土垫层	m^3	1.800	0.046	预拌混凝土	m^3	56.643	1.443
钢筋混凝土底板	m^3	6.882	0.175	钢材	t	15.513	0.395
钢筋混凝土侧墙	m^3	9.253	0.236	木材	m^3	0.300	0.008
钢筋混凝土顶板	m^3	6.882	0.175	黄砂	t	7.897	0.201
井点无缝钢管 45×3	m	1.936	0.049	其他材料费	元	3275.620	83.470
桩锚支护（支线长度）	m	3.984	0.102	机械使用费	元	22682.380	578.030

单位：m

指标编号	4F-09			构筑物名称	管线分支口		
结构特征：底板厚 350~800mm，壁板厚 300~600mm，顶板厚 350~800mm，桩锚支护							
建筑体积	$45.490m^3$			混凝土体积	$34.610m^3$		
项目	单位	构筑物		占指标基价的百分比	折合指标		
					建筑体积（元/m^3）		混凝土体积（元/m^3）
指标基价	元	192742		100%	4237		5569
土建主要工程数量和主要工料数量							
主要工程数量				主要工料数量			
项目	单位	数量	建筑体积指标（每 m^3）	项目	单位	数量	建筑体积指标（每 m^3）
土方开挖	m^3	114.329	2.510	土建人工	工日	357.155	7.851
混凝土垫层	m^3	2.307	0.050	预拌混凝土	m^3	70.244	1.544
钢筋混凝土底板	m^3	12.290	0.270	钢材	t	18.183	0.400
钢筋混凝土侧墙	m^3	10.565	0.230	木材	m^3	0.434	0.010
钢筋混凝土顶板	m^3	11.755	0.260	黄砂	t	8.354	0.184
井点无缝钢管 45×3	m	1.944	0.040	其他材料费	元	3564.170	78.350
桩锚支护（支线长度）	m	4.000	0.090	机械使用费	元	23290.670	511.960

单位：m

指标编号	4F-10			构筑物名称	管线分支口		
结构特征：底板厚 350mm，壁板厚 300mm，顶板厚 350mm，桩锚支护							
建筑体积	$16.800m^3$			混凝土体积	$9.200m^3$		
项目	单位	构筑物		占指标基价的百分比	折合指标		
					建筑体积（元/m^3）		混凝土体积（元/m^3）
指标基价	元	132476		100%	7887		14394
土建主要工程数量和主要工料数量							
主要工程数量				主要工料数量			
项目	单位	数量	建筑体积指标（每 m^3）	项目	单位	数量	建筑体积指标（每 m^3）
土方开挖	m^3	114.593	6.820	土建人工	工日	264.495	15.747
混凝土垫层	m^3	1.080	0.060	预拌混凝土	m^3	40.176	2.392
钢筋混凝土底板	m^3	2.500	0.150	钢材	t	13.716	0.817
钢筋混凝土侧墙	m^3	4.199	0.250	木材	m^3	0.133	0.008
钢筋混凝土顶板	m^3	2.500	0.150	黄砂	t	6.162	0.367
井点无缝钢管 45×3	m	1.944	0.120	其他材料费	元	2589.100	154.140
桩锚支护（支线长度）	m	4.000	0.240	机械使用费	元	22161.220	1319.360

单位：m

指标编号	4F-11			构筑物名称	管线分支口		
结构特征：底板厚 300mm，壁板厚 300mm，顶板厚 300mm，部分桩撑，部分桩锚加土钉支护							
建筑体积	21.000m^3			混凝土体积	11.560m^3		
项目	单位	构筑物		占指标基价的百分比	折合指标		
					建筑体积（元 /m^3）		混凝土体积（元 /m^3）
指标基价	元	104928		100%	4997		9077
土建主要工程数量和主要工料数量							
主要工程数量				主要工料数量			
项目	单位	数量	建筑体积指标（每 m^3）	项目	单位	数量	建筑体积指标（每 m^3）
土方开挖	m^3	65.597	3.124	土建人工	工日	171.749	8.179
混凝土垫层	m^3	0.830	0.040	预拌混凝土	m^3	23.953	1.141
钢筋混凝土底板	m^3	3.210	0.153	钢材	t	3.821	0.182
钢筋混凝土侧墙	m^3	5.170	0.246	木材	m^3	0.103	0.005
钢筋混凝土顶板	m^3	3.180	0.151	黄砂	t	53.404	2.543
放坡及土钉（主线长度）	m	0.133	0.006	其他材料费	元	14980.110	713.340
桩撑（主线长度）	m	0.397	0.019	机械使用费	元	6942.380	330.590
一侧桩锚一侧土钉（主线长度）	m	0.470	0.022				

单位：m

指标编号	4F-12			构筑物名称	管线分支口		
结构特征：底板厚 300mm，壁板厚 300mm，顶板厚 300mm，部分桩撑，部分桩锚加土钉支护							
建筑体积	8.700m^3			混凝土体积	5.920m^3		
项目	单位	构筑物		占指标基价的百分比	折合指标		
					建筑体积（元 /m^3）		混凝土体积（元 /m^3）
指标基价	元	58868		100%	6766		9944
土建主要工程数量和主要工料数量							
主要工程数量				主要工料数量			
项目	单位	数量	建筑体积指标（每 m^3）	项目	单位	数量	建筑体积指标（每 m^3）
土方开挖	m^3	36.897	4.241	土建人工	工日	136.381	15.676
混凝土垫层	m^3	0.390	0.045	预拌混凝土	m^3	16.432	1.889
钢筋混凝土底板	m^3	2.220	0.255	钢材	t	2.755	0.317
钢筋混凝土侧墙	m^3	1.480	0.170	木材	m^3	0.073	0.008
钢筋混凝土顶板	m^3	2.220	0.255	黄砂	t	53.404	6.138
放坡及土钉（主线长度）	m	0.133	0.015	其他材料费	元	3745.030	430.460
桩撑（主线长度）	m	0.397	0.046	机械使用费	元	6558.380	753.840
一侧桩锚一侧土钉（主线长度）	m	0.470	0.054				

单位：m

指标编号	4F-13			构筑物名称	管线分支口		
结构特征：底板厚 300mm，壁板厚 300mm，顶板厚 300mm，部分桩撑，部分桩锚加土钉支护							
建筑体积	$22.800m^3$			混凝土体积	$12.860m^3$		
项目	单位	构筑物		占指标基价的百分比	折合指标		
					建筑体积（元 /m^3）		混凝土体积（元 /m^3）
指标基价	元	91037		100%	3993		7079
土建主要工程数量和主要工料数量							
主要工程数量				主要工料数量			
项目	单位	数量	建筑体积指标（每 m^3）	项目	单位	数量	建筑体积指标（每 m^3）
土方开挖	m^3	69.797	3.061	土建人工	工日	168.773	7.402
混凝土垫层	m^3	0.860	0.038	预拌混凝土	m^3	25.501	1.118
钢筋混凝土底板	m^3	5.040	0.221	钢材	t	4.067	0.178
钢筋混凝土侧墙	m^3	4.463	0.196	木材	m^3	0.100	0.004
钢筋混凝土顶板	m^3	3.360	0.147	黄砂	t	53.404	2.342
放坡及土钉（主线长度）	m	0.133	0.006	其他材料费	元	14980.112	657.020
桩撑（主线长度）	m	0.397	0.017	机械使用费	元	6961.563	305.330
一侧桩锚一侧土钉（主线长度）	m	0.470	0.021				

单位：m

指标编号	4F-14			构筑物名称	管线分支口		
结构特征：底板厚 300mm，壁板厚 300mm，顶板厚 300mm，部分桩撑，部分桩锚加土钉支护							
建筑体积	$7.000m^3$			混凝土体积	$5.040m^3$		
项目	单位	构筑物		占指标基价的百分比	折合指标		
					建筑体积（元 /m^3）		混凝土体积（元 /m^3）
指标基价	元	56070		100%	8010		11125
土建主要工程数量和主要工料数量							
主要工程数量				主要工料数量			
项目	单位	数量	建筑体积指标（每 m^3）	项目	单位	数量	建筑体积指标（每 m^3）
土方开挖	m^3	34.100	4.871	土建人工	工日	132.277	18.897
混凝土垫层	m^3	0.300	0.043	预拌混凝土	m^3	15.182	2.169
钢筋混凝土底板	m^3	1.680	0.240	钢材	t	2.588	0.370
钢筋混凝土侧墙	m^3	2.240	0.320	木材	m^3	0.071	0.010
钢筋混凝土顶板	m^3	1.120	0.160	黄砂	t	53.404	7.629
放坡及土钉（主线长度）	m	0.133	0.019	其他材料费	元	3745.030	535.000
桩撑（主线长度）	m	0.397	0.057	机械使用费	元	5668.240	809.750
一侧桩锚一侧土钉（主线长度）	m	0.470	0.067				

2.5 人员出入口

单位：m

指标编号	5F-01			构筑物名称		人员出入口	
结构特征：底板厚450mm，壁板厚350mm，顶板厚400mm							
建筑体积	$38.680m^3$			混凝土体积		$17.140m^3$	
项目	单位	构筑物		占指标基价的百分比		折合指标	
						建筑体积（元/m^3）	混凝土体积（元/m^3）
指标基价	元	47270		100%		1222	2758
土建主要工程数量和主要工料数量							
主要工程数量				主要工料数量			
项目	单位	数量	建筑体积指标（每m^3）	项目	单位	数量	建筑体积指标（每m^3）
土方开挖	m^3	164.948	4.264	土建人工	工日	91.876	2.375
				预拌混凝土	m^3	20.178	0.522
混凝土垫层	m^3	1.177	0.030	钢材	t	3.111	0.080
钢筋混凝土底板	m^3	5.246	0.136	木材	m^3	0.255	0.007
钢筋混凝土侧墙	m^3	6.845	0.177	黄砂	t	0.748	0.019
				其他材料费	元	3640.580	94.120
钢筋混凝土顶板	m^3	5.049	0.131	机械使用费	元	3448.210	89.150

单位：m

指标编号	5F-02			构筑物名称		人员出入口	
结构特征：底板厚450mm，壁板厚400mm，顶板厚300mm，拉森钢板桩支护							
建筑体积	$34.890m^3$			混凝土体积		$15.440m^3$	
项目	单位	构筑物		占指标基价的百分比		折合指标	
						建筑体积（元/m^3）	混凝土体积（元/m^3）
指标基价	元	51578		100%		1478	3341
土建主要工程数量和主要工料数量							
主要工程数量				主要工料数量			
项目	单位	数量	建筑体积指标（每m^3）	项目	单位	数量	建筑体积指标（每m^3）
土方开挖	m^3	71.504	2.049	土建人工	工日	124.077	3.556
混凝土垫层	m^3	1.019	0.029	预拌混凝土	m^3	18.420	0.528
钢筋混凝土底板	m^3	4.518	0.130	钢材	t	2.847	0.082
钢筋混凝土侧墙	m^3	7.688	0.220	木材	m^3	0.025	0.001
钢筋混凝土顶板	m^3	3.232	0.093	黄砂	t	1.396	0.040
拉森钢板桩	t	5.775	0.166	其他材料费	元	9238.070	264.780
钢支撑	t	1.842	0.053	机械使用费	元	4478.970	128.370

单位：m

指标编号	5F-03		构筑物名称	人员出入口			
结构特征：底板厚 450mm，壁板厚 400mm，顶板厚 300mm，拉森钢板桩支护							
建筑体积	$39.970m^3$			混凝土体积	$17.510m^3$		
项目	单位	构筑物		占指标基价的百分比	折合指标		
					建筑体积（元 /m^3）		混凝土体积（元 /m^3）
指标基价	元	63461		100%	1588		3624
土建主要工程数量和主要工料数量							
主要工程数量				主要工料数量			
项目	单位	数量	建筑体积指标（每 m^3）	项目	单位	数量	建筑体积指标（每 m^3）
土方开挖	m^3	87.545	2.190	土建人工	工日	144.575	3.617
混凝土垫层	m^3	1.261	0.032	预拌混凝土	m^3	21.180	0.530
钢筋混凝土底板	m^3	5.607	0.140	钢材	t	3.618	0.091
钢筋混凝土侧墙	m^3	7.781	0.195	木材	m^3	0.049	0.001
钢筋混凝土顶板	m^3	4.123	0.103	黄砂	t	1.260	0.032
拉森钢板桩	t	5.131	0.128	其他材料费	元	10736.240	268.610
钢支撑	t	1.931	0.048	机械使用费	元	6773.390	169.460

2.6 交 叉 口

单位：处

指标编号	6F-01		构筑物名称	交叉口			
结构特征：每处长 21.7m，底板厚 800mm，壁板厚 600mm，顶板厚 400mm							
建筑体积	$1621.610m^3$			混凝土体积	$911.850m^3$		
项目	单位	构筑物		占指标基价的百分比	折合指标		
					建筑体积（元 /m^3）		混凝土体积（元 /m^3）
指标基价	元	3280727		100%	2023		3598
土建主要工程数量和主要工料数量							
主要工程数量				主要工料数量			
项目	单位	数量	建筑体积指标（每 m^3）	项目	单位	数量	建筑体积指标（每 m^3）
土方开挖	m^3	7284.150	4.492	土建人工	工日	8396.840	5.178
				预拌混凝土	m^3	985.980	0.608
混凝土垫层	m^3	61.680	0.038	钢材	t	180.880	0.112
				木材	m^3	13.470	0.008
钢筋混凝土底板	m^3	328.360	0.202	黄砂	t	35.220	0.022
钢筋混凝土侧墙	m^3	314.910	0.194	碎石	t	27.360	0.017
				其他材料费	元	574152.150	354.060
钢筋混凝土顶板	m^3	268.580	0.166	机械使用费	元	317766.120	195.960

单位：处

<table>
<tr><td>指标编号</td><td colspan="2">6F-02</td><td>构筑物名称</td><td colspan="4">交叉口</td></tr>
<tr><td colspan="8">结构特征：每处长 21.5m，底板厚 450mm，壁板厚 400mm，顶板厚 300mm</td></tr>
<tr><td>建筑体积</td><td colspan="2">1510.960m³</td><td>混凝土体积</td><td colspan="4">577.380m³</td></tr>
<tr><td rowspan="2">项目</td><td rowspan="2">单位</td><td rowspan="2">构筑物</td><td rowspan="2">占指标基价的百分比</td><td colspan="4">折合指标</td></tr>
<tr><td colspan="2">建筑体积（元/m³）</td><td colspan="2">混凝土体积（元/m³）</td></tr>
<tr><td>指标基价</td><td>元</td><td>2014513</td><td>100%</td><td colspan="2">1333</td><td colspan="2">3489</td></tr>
<tr><td colspan="8">土建主要工程数量和主要工料数量</td></tr>
<tr><td colspan="4">主要工程数量</td><td colspan="4">主要工料数量</td></tr>
<tr><td>项目</td><td>单位</td><td>数量</td><td>建筑体积指标（每 m³）</td><td>项目</td><td>单位</td><td>数量</td><td>建筑体积指标（每 m³）</td></tr>
<tr><td>土方开挖</td><td>m³</td><td>3952.190</td><td>2.616</td><td>土建人工</td><td>工日</td><td>5176.244</td><td>3.426</td></tr>
<tr><td></td><td></td><td></td><td></td><td>预拌混凝土</td><td>m³</td><td>620.915</td><td>0.411</td></tr>
<tr><td>混凝土垫层</td><td>m³</td><td>126.530</td><td>0.084</td><td>钢材</td><td>t</td><td>107.216</td><td>0.071</td></tr>
<tr><td></td><td></td><td></td><td></td><td>木材</td><td>m³</td><td>3.370</td><td>0.002</td></tr>
<tr><td>钢筋混凝土底板</td><td>m³</td><td>180.460</td><td>0.119</td><td>黄砂</td><td>t</td><td>1280.939</td><td>0.848</td></tr>
<tr><td>钢筋混凝土侧墙</td><td>m³</td><td>217.590</td><td>0.144</td><td>砾石</td><td>t</td><td>43.772</td><td>0.029</td></tr>
<tr><td></td><td></td><td></td><td></td><td>其他材料费</td><td>元</td><td>170538.380</td><td>112.870</td></tr>
<tr><td>钢筋混凝土顶板</td><td>m³</td><td>179.330</td><td>0.119</td><td>机械使用费</td><td>元</td><td>216816.680</td><td>143.500</td></tr>
</table>

单位：处

<table>
<tr><td>指标编号</td><td colspan="2">6F-03</td><td>构筑物名称</td><td colspan="4">交叉口</td></tr>
<tr><td colspan="8">结构特征：每处长 25m，底板厚 500mm，壁板厚 500mm，顶板厚 500mm</td></tr>
<tr><td>建筑体积</td><td colspan="2">2096.620m³</td><td>混凝土体积</td><td colspan="4">1036.070m³</td></tr>
<tr><td rowspan="2">项目</td><td rowspan="2">单位</td><td rowspan="2">构筑物</td><td rowspan="2">占指标基价的百分比</td><td colspan="4">折合指标</td></tr>
<tr><td colspan="2">建筑体积（元/m³）</td><td colspan="2">混凝土体积（元/m³）</td></tr>
<tr><td>指标基价</td><td>元</td><td>2567704</td><td>100%</td><td colspan="2">1225</td><td colspan="2">2478</td></tr>
<tr><td colspan="8">土建主要工程数量和主要工料数量</td></tr>
<tr><td colspan="4">主要工程数量</td><td colspan="4">主要工料数量</td></tr>
<tr><td>项目</td><td>单位</td><td>数量</td><td>建筑体积指标（每 m³）</td><td>项目</td><td>单位</td><td>数量</td><td>建筑体积指标（每 m³）</td></tr>
<tr><td>土方开挖</td><td>m³</td><td>8450.030</td><td>4.030</td><td>土建人工</td><td>工日</td><td>5775.390</td><td>2.755</td></tr>
<tr><td>混凝土垫层</td><td>m³</td><td>78.370</td><td>0.037</td><td>预拌混凝土</td><td>m³</td><td>1187.000</td><td>0.566</td></tr>
<tr><td>钢筋混凝土底板</td><td>m³</td><td>258.530</td><td>0.123</td><td>钢材</td><td>t</td><td>183.670</td><td>0.088</td></tr>
<tr><td>钢筋混凝土侧墙</td><td>m³</td><td>411.300</td><td>0.196</td><td>木材</td><td>m³</td><td>4.650</td><td>0.002</td></tr>
<tr><td>钢筋混凝土顶板</td><td>m³</td><td>366.240</td><td>0.175</td><td>黄砂</td><td>t</td><td>31.780</td><td>0.015</td></tr>
<tr><td></td><td></td><td></td><td></td><td>其他材料费</td><td>元</td><td>4459.800</td><td>2.130</td></tr>
<tr><td>井点</td><td>根</td><td>51.000</td><td>0.024</td><td>机械使用费</td><td>元</td><td>247248.220</td><td>117.930</td></tr>
</table>

单位：处

指标编号	6F-04		构筑物名称	交叉口			
结构特征：每处长 21.5m，底板厚 600mm，壁板厚 400mm，顶板厚 400mm							
建筑体积	1755.380m^3		混凝土体积	701.710m^3			
项目	单位	构筑物	占指标基价的百分比	折合指标			
				建筑体积（元 /m^3）		混凝土体积（元 /m^3）	
指标基价	元	1768258	100%	1007		2520	
土建主要工程数量和主要工料数量							
主要工程数量				主要工料数量			
项目	单位	数量	建筑体积指标（每 m^3）	项目	单位	数量	建筑体积指标（每 m^3）
土方开挖	m^3	5331.160	3.037	土建人工	工日	3604.141	2.053
混凝土垫层	m^3	63.100	0.036	预拌混凝土	m^3	885.950	0.505
				钢材	t	132.380	0.075
钢筋混凝土底板	m^3	247.710	0.141	木材	m^3	9.680	0.006
钢筋混凝土侧墙	m^3	216.490	0.123	黄砂	t	48.356	0.028
				其他材料费	元	33501.000	19.080
钢筋混凝土顶板	m^3	237.510	0.135	机械使用费	元	111387.510	63.450

单位：处

指标编号	6F-05		构筑物名称	交叉口			
结构特征：每处长 62.5m，底板厚 600mm，壁板厚 500~800mm，顶板厚 600~800mm，桩撑支护							
建筑体积	947.190m^3		混凝土体积	591.990m^3			
项目	单位	构筑物	占指标基价的百分比	折合指标			
				建筑体积（元 /m^3）		混凝土体积（元 /m^3）	
指标基价	元	3118500	100%	3292		5268	
土建主要工程数量和主要工料数量							
主要工程数量				主要工料数量			
项目	单位	数量	建筑体积指标（每 m^3）	项目	单位	数量	建筑体积指标（每 m^3）
土方开挖	m^3	2079.640	2.196	土建人工	工日	4808.000	5.076
混凝土垫层	m^3	882.208	0.931	预拌混凝土	m^3	603.830	0.637
钢筋混凝土底板	m^3	190.220	0.201	钢材	t	108.689	0.115
钢筋混凝土侧墙	m^3	211.550	0.223	木材	m^3	0.144	0.000
钢筋混凝土顶板	m^3	190.220	0.201	黄砂	t	115.320	0.122
井点无缝钢管 45×3	m	0.429	0.000	其他材料费	元	38304.620	40.440
桩撑支护（主线长度）	m	62.000	0.065	机械使用费	元	107254.000	113.230

单位:处

指标编号	6F-06			构筑物名称	交叉口		
结构特征:每处长 37m,底板厚 600mm,壁板厚 500~800mm,顶板厚 600~800mm,桩撑支护							
建筑体积	$1506.200m^3$			混凝土体积	$981.500m^3$		
项目	单位	构筑物		占指标基价的百分比	折合指标		
					建筑体积（元/m^3）		混凝土体积（元/m^3）
指标基价	元	8469152		100%	5623		8629
土建主要工程数量和主要工料数量							
主要工程数量				主要工料数量			
项目	单位	数量	建筑体积指标（每 m^3）	项目	单位	数量	建筑体积指标（每 m^3）
土方开挖	m^3	6074.563	4.033	土建人工	工日	17413.656	11.561
混凝土垫层	m^3	82.625	0.055	预拌混凝土	m^3	1868.781	1.241
钢筋混凝土底板	m^3	399.844	0.265	钢材	t	607.250	0.403
钢筋混凝土侧墙	m^3	175.156	0.116	木材	m^3	5.750	0.004
钢筋混凝土顶板	m^3	406.469	0.270	碎（砾）石	t	12391.469	8.227
降水	m	74.000	0.049	其他材料费	元	207106.130	137.502
桩撑支护（主线长度）	m	37.000	0.025	机械使用费	元	887696.780	589.360

单位:处

指标编号	6F-07			构筑物名称	交叉口		
结构特征:每处长 26m,底板厚 550~700mm,壁板厚 550mm,顶板厚 550~700mm,桩锚支护							
建筑体积	$1004.710m^3$			混凝土体积	$560.970m^3$		
项目	单位	构筑物		占指标基价的百分比	折合指标		
					建筑体积（元/m^3）		混凝土体积（元/m^3）
指标基价	元	5247294		100%	5223		9354
土建主要工程数量和主要工料数量							
主要工程数量				主要工料数量			
项目	单位	数量	建筑体积指标（每 m^3）	项目	单位	数量	建筑体积指标（每 m^3）
土方开挖	m^3	1659.706	1.652	土建人工	工日	6121.294	6.093
混凝土垫层	m^3	47.814	0.048	预拌混凝土	m^3	914.166	0.910
钢筋混凝土底板	m^3	227.753	0.227	钢材	t	290.083	0.289
钢筋混凝土侧墙	m^3	103.156	0.103	木材	m^3	2.831	0.003
钢筋混凝土顶板	m^3	230.064	0.229	碎（砾）石	t	505.497	0.503
降水	m	52.000	0.052	其他材料费	元	72936.760	72.590
桩锚支护（主线长度）	m	26.000	0.026	机械使用费	元	247115.470	245.960

2.7 端部井

单位：m

指标编号	7F-01			构筑物名称	端部井		
结构特征：底板厚600mm，壁板厚550mm，顶板厚350mm							
建筑体积	$34.550m^3$			混凝土体积	$21.090m^3$		
项目	单位	构筑物		占指标基价的百分比	折合指标		
					建筑体积（元/m^3）		混凝土体积（元/m^3）
指标基价	元	71109		100%	2058		3372
土建主要工程数量和主要工料数量							
主要工程数量				主要工料数量			
项目	单位	数量	建筑体积指标（每m^3）	项目	单位	数量	建筑体积指标（每m^3）
土方开挖	m^3	113.722	3.292	土建人工	工日	161.717	4.681
				预拌混凝土	m^3	21.405	0.620
混凝土垫层	m^3	2.433	0.070	钢材	t	3.929	0.114
钢筋混凝土底板	m^3	5.913	0.171	木材	m^3	0.224	0.006
				黄砂	t	0.459	0.013
钢筋混凝土侧墙	m^3	12.529	0.363	碎石	t	0.494	0.014
				其他材料费	元	16382.430	474.170
钢筋混凝土顶板	m^3	2.647	0.077	机械使用费	元	5610.010	162.370

单位：m

指标编号	7F-02			构筑物名称	端部井		
结构特征：底板厚400mm，壁板厚500mm，顶板厚300mm							
建筑体积	$66.400m^3$			混凝土体积	$27.750m^3$		
项目	单位	构筑物		占指标基价的百分比	折合指标		
					建筑体积（元/m^3）		混凝土体积（元/m^3）
指标基价	元	114585		100%	1726		4129
土建主要工程数量和主要工料数量							
主要工程数量				主要工料数量			
项目	单位	数量	建筑体积指标（每m^3）	项目	单位	数量	建筑体积指标（每m^3）
土方开挖	m^3	194.981	2.936	土建人工	工日	285.568	4.301
				预拌混凝土	m^3	28.303	0.426
混凝土垫层	m^3	4.994	0.075	钢材	t	4.886	0.074
钢筋混凝土底板	m^3	7.733	0.116	木材	m^3	0.177	0.003
钢筋混凝土侧墙	m^3	16.062	0.242	黄砂	t	73.926	1.113
				其他材料费	元	16245.350	244.660
钢筋混凝土顶板	m^3	3.952	0.060	机械使用费	元	11704.870	176.280

单位：m

指标编号	7F-03			构筑物名称	端部井		
结构特征：底板厚 600mm，壁板厚 600mm，顶板厚 600mm							
建筑体积	$24.090m^3$			混凝土体积	$13.450m^3$		
项目	单位	构筑物		占指标基价的百分比	折合指标		
					建筑体积（元/m^3）		混凝土体积（元/m^3）
指标基价	元	29709		100%	1233		2209
土建主要工程数量和主要工料数量							
主要工程数量				主要工料数量			
项目	单位	数量	建筑体积指标（每 m^3）	项目	单位	数量	建筑体积指标（每 m^3）
土方开挖	m^3	84.829	3.521	土建人工	工日	80.532	3.343
混凝土垫层	m^3	2.271	0.094	预拌混凝土	m^3	13.716	0.569
钢筋混凝土底板	m^3	4.546	0.189	钢材	t	2.503	0.104
钢筋混凝土侧墙	m^3	5.870	0.244	木材	m^3	0.047	0.002
钢筋混凝土顶板	m^3	3.031	0.126	黄砂	t	0.363	0.015
井点	根	1.231	0.051	其他材料费	元	2885.290	119.770
				机械使用费	元	1895.160	78.670

单位：m

指标编号	7F-04			构筑物名称	端部井		
结构特征：底板厚 450mm，壁板厚 500mm，顶板厚 350mm							
建筑体积	$55.020m^3$			混凝土体积	$27.690m^3$		
项目	单位	构筑物		占指标基价的百分比	折合指标		
					建筑体积（元/m^3）		混凝土体积（元/m^3）
指标基价	元	79617		100%	1447		2875
土建主要工程数量和主要工料数量							
主要工程数量				主要工料数量			
项目	单位	数量	建筑体积指标（每 m^3）	项目	单位	数量	建筑体积指标（每 m^3）
土方开挖	m^3	198.259	3.603	土建人工	工日	158.786	2.886
混凝土垫层	m^3	6.563	0.119	预拌混凝土	m^3	35.433	0.644
钢筋混凝土底板	m^3	9.312	0.169	钢材	t	5.316	0.097
钢筋混凝土侧墙	m^3	13.996	0.254	木材	m^3	0.127	0.002
钢筋混凝土顶板	m^3	4.388	0.080	黄砂	t	1.127	0.020
井点	根	1.667	0.030	其他材料费	元	133.480	2.430
				机械使用费	元	6095.990	110.800

单位：m

指标编号	7F-05			构筑物名称	端部井		
结构特征：底板厚 400mm，壁板厚 350mm，顶板厚 350mm							
建筑体积	67.680m^3			混凝土体积	20.080m^3		
项目	单位	构筑物		占指标基价的百分比	折合指标		
					建筑体积（元/m^3）		混凝土体积（元/m^3）
指标基价	元	63695		100%	941		3172
土建主要工程数量和主要工料数量							
主要工程数量				主要工料数量			
项目	单位	数量	建筑体积指标（每 m^3）	项目	单位	数量	建筑体积指标（每 m^3）
土方开挖	m^3	315.664	4.664	土建人工	工日	138.538	2.047
混凝土垫层	m^3	1.139	0.017	预拌混凝土	m^3	22.736	0.336
				钢材	t	3.620	0.053
钢筋混凝土底板	m^3	5.511	0.081	木材	m^3	0.285	0.004
钢筋混凝土侧墙	m^3	9.724	0.144	黄砂	t	0.895	0.013
				其他材料费	元	4896.390	72.350
钢筋混凝土顶板	m^3	4.843	0.072	机械使用费	元	5705.970	84.310

单位：m

指标编号	7F-06			构筑物名称	端部井		
结构特征：底板厚 450mm，壁板厚 400mm，顶板厚 300mm，拉森钢板桩支护							
建筑体积	22.630m^3			混凝土体积	16.210m^3		
项目	单位	构筑物		占指标基价的百分比	折合指标		
					建筑体积（元/m^3）		混凝土体积（元/m^3）
指标基价	元	51947		100%	2296		3205
土建主要工程数量和主要工料数量							
主要工程数量				主要工料数量			
项目	单位	数量	建筑体积指标（每 m^3）	项目	单位	数量	建筑体积指标（每 m^3）
土方开挖	m^3	76.097	3.363	土建人工	工日	123.952	5.477
混凝土垫层	m^3	0.762	0.034	预拌混凝土	m^3	18.290	0.808
钢筋混凝土底板	m^3	3.756	0.166	钢材	t	2.918	0.129
钢筋混凝土侧墙	m^3	8.774	0.388	木材	m^3	0.025	0.001
钢筋混凝土顶板	m^3	3.679	0.163	黄砂	t	1.396	0.062
拉森钢板桩	t	5.775	0.255	其他材料费	元	9291.450	410.580
钢支撑	t	1.842	0.081	机械使用费	元	4463.230	197.230

单位：m

指标编号	7F-07		构筑物名称	端部井	
结构特征：底板厚450mm，壁板厚400mm，顶板厚300mm，拉森钢板桩支护					
建筑体积	31.160m³		混凝土体积	21.320m³	
项目	单位	构筑物	占指标基价的百分比	折合指标	
				建筑体积（元/m³）	混凝土体积（元/m³）
指标基价	元	79808	100%	2561	3743

土建主要工程数量和主要工料数量

主要工程数量				主要工料数量			
项目	单位	数量	建筑体积指标（每m³）	项目	单位	数量	建筑体积指标（每m³）
土方开挖	m³	104.712	3.360	土建人工	工日	183.011	5.873
混凝土垫层	m³	1.112	0.036	预拌混凝土	m³	23.917	0.768
钢筋混凝土底板	m³	5.528	0.177	钢材	t	4.215	0.135
钢筋混凝土侧墙	m³	10.838	0.348	木材	m³	0.030	0.001
钢筋混凝土顶板	m³	4.959	0.159	黄砂	t	1.345	0.043
拉森钢板桩	t	5.131	0.165	其他材料费	元	16322.500	523.830
钢支撑	t	1.931	0.062	机械使用费	元	8811.310	282.780

单位：m

指标编号	7F-08		构筑物名称	端部井	
结构特征：底板厚500mm，壁板厚400mm，顶板厚500mm，桩锚支护					
建筑体积	88.280m³		混凝土体积	39.930m³	
项目	单位	构筑物	占指标基价的百分比	折合指标	
				建筑体积（元/m³）	混凝土体积（元/m³）
指标基价	元	147175	100%	1667	3686

土建主要工程数量和主要工料数量

主要工程数量				主要工料数量			
项目	单位	数量	建筑体积指标（每m³）	项目	单位	数量	建筑体积指标（每m³）
土方开挖	m³	208.000	2.356	土建人工	工日	252.234	2.857
混凝土垫层	m³	1.520	0.017	预拌混凝土	m³	61.730	0.699
钢筋混凝土底板	m³	15.000	0.170	钢材	t	9.781	0.111
钢筋混凝土侧墙	m³	9.920	0.112	木材	m³	0.469	0.005
钢筋混凝土顶板	m³	15.000	0.170	黄砂	t	9.489	0.107
井点无缝钢管45×3	m	3.270	0.037	其他材料费	元	2191.200	24.820
桩锚支护（主线长度）	m	1.000	0.011	机械使用费	元	5717.060	64.760

2.8 分变电所

单位：处

指标编号	8F-01			构筑物名称	分变电所		
结构特征：底板厚 450mm，壁板厚 400mm，顶板厚 350mm							
建筑体积	767.170m^3			混凝土体积	372.700m^3		
项目	单位	构筑物		占指标基价的百分比	折合指标		
					建筑体积（元/m^3）		混凝土体积（元/m^3）
指标基价	元	1256836		100%	1638		3372
土建主要工程数量和主要工料数量							
主要工程数量				主要工料数量			
项目	单位	数量	建筑体积指标（每 m^3）	项目	单位	数量	建筑体积指标（每 m^3）
土方开挖	m^3	2228.810	2.905	土建人工	工日	2939.780	3.832
混凝土垫层	m^3	34.920	0.046	预拌混凝土	m^3	382.400	0.498
钢筋混凝土底板	m^3	106.220	0.138	钢材	t	70.660	0.092
钢筋混凝土侧墙	m^3	190.780	0.249	木材	m^3	4.210	0.005
钢筋混凝土顶板	m^3	75.700	0.099	黄砂	t	12.533	0.016
				碎石	t	12.394	0.016
				其他材料费	元	261550.380	340.930
				机械使用费	元	106628.180	138.990

单位：处

指标编号	8F-02			构筑物名称	分变电所		
结构特征：底板厚 350mm，壁板厚 350mm，顶板厚 300mm							
建筑体积	507.050m^3			混凝土体积	162.140m^3		
项目	单位	构筑物		占指标基价的百分比	折合指标		
					建筑体积（元/m^3）		混凝土体积（元/m^3）
指标基价	元	620429		100%	1224		3827
土建主要工程数量和主要工料数量							
主要工程数量				主要工料数量			
项目	单位	数量	建筑体积指标（每 m^3）	项目	单位	数量	建筑体积指标（每 m^3）
土方开挖	m^3	1128.320	2.225	土建人工	工日	1544.209	3.045
混凝土垫层	m^3	12.010	0.024	预拌混凝土	m^3	165.383	0.326
钢筋混凝土底板	m^3	42.710	0.084	钢材	t	28.946	0.057
钢筋混凝土侧墙	m^3	52.810	0.104	木材	m^3	2.366	0.005
钢筋混凝土顶板	m^3	66.620	0.131	黄砂	t	302.500	0.597
				其他材料费	元	84229.770	166.120
				机械使用费	元	69817.550	137.690

单位：处

指标编号	8F-03			构筑物名称	分变电所		
结构特征：底板厚 600mm，壁板厚 600mm，顶板厚 600mm							
建筑体积	953.340m³			混凝土体积	495.100m³		
项目	单位	构筑物		占指标基价的百分比	折合指标		
					建筑体积（元 /m³）		混凝土体积（元 /m³）
指标基价	元	1120825		100%	1176		2264
土建主要工程数量和主要工料数量							
主要工程数量				主要工料数量			
项目	单位	数量	建筑体积指标（每 m³）	项目	单位	数量	建筑体积指标（每 m³）
土方开挖	m³	3340.310	3.504	土建人工	工日	2992.920	3.139
混凝土垫层	m³	67.300	0.071	预拌混凝土	m³	505.991	0.531
钢筋混凝土底板	m³	168.430	0.177	钢材	t	92.646	0.097
钢筋混凝土侧墙	m³	174.800	0.183	木材	m³	1.731	0.002
钢筋混凝土顶板	m³	151.870	0.159	黄砂	t	11.302	0.012
井点	根	30.000	0.031	碎石	t	2.080	0.002
				其他材料费	元	120684.640	126.590
				机械使用费	元	72952.720	76.520

单位：处

指标编号	8F-04			构筑物名称	分变电所		
结构特征：底板厚 500mm，壁板厚 500mm，顶板厚 400mm							
建筑体积	801.950m³			混凝土体积	397.330m³		
项目	单位	构筑物		占指标基价的百分比	折合指标		
					建筑体积（元 /m³）		混凝土体积（元 /m³）
指标基价	元	1142537		100%	1425		2876
土建主要工程数量和主要工料数量							
主要工程数量				主要工料数量			
项目	单位	数量	建筑体积指标（每 m³）	项目	单位	数量	建筑体积指标（每 m³）
土方开挖	m³	3696.740	4.610	土建人工	工日	2481.040	3.094
混凝土垫层	m³	61.670	0.077	预拌混凝土	m³	485.500	0.605
钢筋混凝土底板	m³	122.710	0.153	钢材	t	70.984	0.089
钢筋混凝土侧墙	m³	176.640	0.220	木材	m³	2.059	0.003
钢筋混凝土顶板	m³	97.980	0.122	黄砂	t	23.470	0.029
井点	根	39.000	0.049	其他材料费	元	1987.200	2.480
				机械使用费	元	109679.530	136.770

2.9 倒虹段

单位：m

指标编号	9F-01			构筑物名称	倒虹段		
结构特征：长度13.2m，底板厚400mm，壁板厚400mm，顶板厚400mm							
建筑体积	20.090m³			混凝土体积	9.520m³		
项目	单位	构筑物		占指标基价的百分比	折合指标		
					建筑体积（元/m³）		混凝土体积（元/m³）
指标基价	元	37239		100%	1854		3912
土建主要工程数量和主要工料数量							
主要工程数量				主要工料数量			
项目	单位	数量	建筑体积指标（每m³）	项目	单位	数量	建筑体积指标（每m³）
土方开挖	m³	94.571	4.707	土建人工	工日	92.473	4.603
				预拌混凝土	m³	9.667	0.481
混凝土垫层	m³	1.603	0.080	钢材	t	1.782	0.089
钢筋混凝土底板	m³	3.111	0.155	木材	m³	0.101	0.005
				黄砂	t	0.346	0.017
钢筋混凝土侧墙	m³	4.131	0.206	碎石	t	0.295	0.015
钢筋混凝土顶板	m³	2.282	0.114	其他材料费	元	8069.910	401.690
				机械使用费	元	3935.820	195.910

单位：m

指标编号	9F-02			构筑物名称	倒虹段		
结构特征：长度242.6m，底板厚400mm，壁板厚400mm，顶板厚400mm							
建筑体积	24.700m³			混凝土体积	9.730m³		
项目	单位	构筑物		占指标基价的百分比	折合指标		
					建筑体积（元/m³）		混凝土体积（元/m³）
指标基价	元	45640		100%	1848		4691
土建主要工程数量和主要工料数量							
主要工程数量				主要工料数量			
项目	单位	数量	建筑体积指标（每m³）	项目	单位	数量	建筑体积指标（每m³）
土方开挖	m³	100.455	4.067	土建人工	工日	119.078	4.821
				预拌混凝土	m³	9.921	0.402
混凝土垫层	m³	0.870	0.035	钢材	t	1.713	0.069
钢筋混凝土底板	m³	2.975	0.120	木材	m³	0.062	0.003
钢筋混凝土侧墙	m³	4.411	0.179	黄砂	t	0.204	0.008
				其他材料费	元	5552.580	224.800
钢筋混凝土顶板	m³	2.340	0.095	机械使用费	元	5702.410	230.870

单位：m

指标编号	9F-03		构筑物名称	倒虹段			
结构特征：长度 35m，底板厚 800mm，壁板厚 800mm，顶板厚 800mm							
建筑体积	52.980m^3		混凝土体积	23.130m^3			
项目	单位	构筑物	占指标基价的百分比	折合指标			
				建筑体积（元 /m^3）	混凝土体积（元 /m^3）		
指标基价	元	52431	100%	990	2267		
土建主要工程数量和主要工料数量							
主要工程数量				主要工料数量			
项目	单位	数量	建筑体积指标（每 m^3）	项目	单位	数量	建筑体积指标（每 m^3）
土方开挖	m^3	263.409	4.972	土建人工	工日	152.817	0.154
混凝土垫层	m^3	2.692	0.051	预拌混凝土	m^3	23.465	0.443
钢筋混凝土底板	m^3	8.865	0.167	钢材	t	4.306	0.081
钢筋混凝土侧墙	m^3	5.801	0.109	木材	m^3	0.082	0.002
钢筋混凝土顶板	m^3	7.752	0.146	黄砂	t	0.431	0.008
井点	根	1.657	0.031	其他材料费	元	8892.970	167.860
				机械使用费	元	4635.610	87.500

单位：m

指标编号	9F-04		构筑物名称	倒虹段			
结构特征：长度 28.2m，底板厚 600mm，壁板厚 600mm，顶板厚 600mm							
建筑体积	36.040m^3		混凝土体积	20.010m^3			
项目	单位	构筑物	占指标基价的百分比	折合指标			
				建筑体积（元 /m^3）	混凝土体积（元 /m^3）		
指标基价	元	51072	100%	1417	2552		
土建主要工程数量和主要工料数量							
主要工程数量				主要工料数量			
项目	单位	数量	建筑体积指标（每 m^3）	项目	单位	数量	建筑体积指标（每 m^3）
土方开挖	m^3	192.921	5.353	土建人工	工日	114.475	0.081
混凝土垫层	m^3	2.578	0.072	预拌混凝土	m^3	23.618	0.655
钢筋混凝土底板	m^3	7.978	0.221	钢材	t	3.552	0.099
钢筋混凝土侧墙	m^3	5.383	0.149	木材	m^3	0.065	0.002
钢筋混凝土顶板	m^3	6.651	0.185	黄砂	t	0.402	0.011
井点	根	1.667	0.046	其他材料费	元	2191.560	60.810
				机械使用费	元	5364.530	148.850

2.10 其 他

单位：m

指标编号	10F-01			构筑物名称	人防出入口		
结构特征：底板厚500mm，壁板厚400mm，顶板厚450mm，桩锚支护							
建筑体积	50.930m³			混凝土体积	24.370m³		
项目	单位	构筑物		占指标基价的百分比	折合指标		
					建筑体积（元/m³）		混凝土体积（元/m³）
指标基价	元	129737		100%	2547		5324
土建主要工程数量和主要工料数量							
主要工程数量				主要工料数量			
项目	单位	数量	建筑体积指标（每m³）	项目	单位	数量	建筑体积指标（每m³）
土方开挖	m³	162.000	3.181	土建人工	工日	145.177	2.851
混凝土垫层	m³	1.660	0.033	预拌混凝土	m³	24.859	0.488
钢筋混凝土底板	m³	4.142	0.081	钢材	t	3.900	0.077
钢筋混凝土侧墙	m³	7.350	0.144	木材	m³	0.205	0.004
钢筋混凝土顶板	m³	12.880	0.253	黄砂	t	175.591	3.448
井点无缝钢管45×3	m	0.143	0.003	其他材料费	元	2207.100	43.340
桩锚支护（主线长度）	m	54.000	1.060	机械使用费	元	2112.520	41.480

单位：m

指标编号	10F-02			构筑物名称	人防出入口		
结构特征：底板厚300mm，壁板厚300mm，顶板厚300mm，部分桩撑，部分桩锚加土钉支护							
建筑体积	72.710m³			混凝土体积	40.840m³		
项目	单位	构筑物		占指标基价的百分比	折合指标		
					建筑体积（元/m³）		混凝土体积（元/m³）
指标基价	元	186809		100%	2569		4574
土建主要工程数量和主要工料数量							
主要工程数量				主要工料数量			
项目	单位	数量	建筑体积指标（每m³）	项目	单位	数量	建筑体积指标（每m³）
土方开挖	m³	121.997	1.678	土建人工	工日	303.546	4.175
混凝土垫层	m³	1.430	0.020	预拌混凝土	m³	57.004	0.784
钢筋混凝土底板	m³	8.377	0.115				
钢筋混凝土侧墙	m³	20.588	0.283	钢材	t	9.340	0.128
钢筋混凝土顶板	m³	11.878	0.163	木材	m³	0.252	0.003
放坡及土钉（主线长度）	m	0.133	0.002	黄砂	t	53.404	0.734
桩撑（主线长度）	m	0.397	0.005	其他材料费	元	33111.290	455.380
一侧桩锚一侧土钉（主线长度）	m	0.470	0.006	机械使用费	元	8560.980	117.740

单位：m

指标编号	10F-03		构筑物名称	控制中心连接段	
结构特征：底板厚 300mm，壁板厚 300mm，顶板厚 300mm					
建筑体积	$5.760m^3$		混凝土体积	$3.240m^3$	
项目	单位	构筑物	占指标基价的百分比	折合指标	
				建筑体积（元 /m^3）	混凝土体积（元 /m^3）
指标基价	元	26567	100%	4612	8200

土建主要工程数量和主要工料数量

主要工程数量				主要工料数量			
项目	单位	数量	建筑体积指标（每 m^3）	项目	单位	数量	建筑体积指标（每 m^3）
土方开挖	m^3	59.360	18.321	土建人工	工日	49.580	15.302
混凝土垫层	m^3	0.320	0.099	预拌混凝土	m^3	3.305	1.020
钢筋混凝土底板	m^3	0.900	0.278	钢材	t	0.776	0.240
钢筋混凝土侧墙	m^3	1.440	0.444	木材	m^3	0.093	0.029
钢筋混凝土顶板	m^3	0.900	0.278	其他材料费	元	352.000	108.640
井点	根	1.000	0.309	机械使用费	元	1167.250	360.260

单位：m

指标编号	10F-04		构筑物名称	隧道段	
结构特征：单洞净宽：12.50m，初期支护：C25 喷射混凝土厚 200~260mm，二衬：C30 钢筋混凝土厚 500~750mm；施工辅助：超前大管棚 / 超前小导管 / 超前锚杆，围岩比例：Ⅴ级 ：Ⅳ级 =58% ：42%					
建筑体积	$129.380m^3$		混凝土体积	$44.690m^3$	
项目	单位	构筑物	占指标基价的百分比	折合指标	
				建筑体积（元 /m^3）	混凝土体积（元 /m^3）
指标基价	元	117713	100%	910	2634

土建主要工程数量和主要工料数量

主要工程数量				主要工料数量			
项目	单位	数量	建筑体积指标（每 m^3）	项目	单位	数量	建筑体积指标（每 m^3）
石方开挖	m^3	164.645	1.273	人工	工日	458.711	3.545
喷射混凝土	m^3	17.984	0.139	预拌混凝土	m^3	35.259	0.273
				喷射混凝土	m^3	30.193	0.233
钢筋混凝土仰拱	m^3	8.760	0.068	钢材	t	4.141	0.032
钢筋混凝土边墙	m^3	2.762	0.021	其他材料费	元	14145.010	109.330
钢筋混凝土拱部	m^3	15.181	0.117	机械使用费	元	18139.240	140.200

单位：m

指标编号	10F-05		构筑物名称	隧道段			
结构特征：单洞净宽：12.500m，初期支护：C25 喷射混凝土厚 150~260mm，二衬：C30 钢筋混凝土厚 450~750mm；施工辅助：超前大管棚 / 超前小导管 / 超前锚杆；围岩比例：Ⅴ级：Ⅳ级：Ⅲ级 =61%：32%：7%							
建筑体积	$129.38m^3$		混凝土体积	$39.82m^3$			
项目	单位	构筑物	占指标基价的百分比	折合指标			
				建筑体积（元 /m^3）		混凝土体积（元 /m^3）	
指标基价	元	124363	100%	961		3123	
土建主要工程数量和主要工料数量							
主要工程数量				主要工料数量			
项目	单位	数量	建筑体积指标（每 m^3）	项目	单位	数量	建筑体积指标（每 m^3）
石方开挖	m^3	138.941	1.074	人工	工日	550.853	4.258
喷射混凝土	m^3	15.539	0.120	预拌混凝土	m^3	34.587	0.267
钢筋混凝土仰拱	m^3	9.049	0.070	喷射混凝土	m^3	31.701	0.245
钢筋混凝土边墙	m^3	2.702	0.021	钢材	t	4.420	0.034
钢筋混凝土拱部	m^3	12.525	0.097	其他材料费	元	15125.610	116.910
				机械使用费	元	18760.040	145.000

单位：m

指标编号	10F-06		构筑物名称	预制标准段			
结构特征：双箱管廊，断面尺寸 3.700m×6.600m，底板厚 350mm，壁厚 300mm，侧壁厚 350mm，埋深 6.050m，基坑支护采用喷射混凝土护坡及深层水泥搅拌桩，预应力连接							
建筑体积	$24.420m^3$		混凝土体积	$10.610m^3$			
项目	单位	构筑物	占指标基价的百分比	折合指标			
				建筑体积（元 /m^3）		混凝土体积（元 /m^3）	
指标基价	元	50753	100%	1983		4784	
土建主要工程数量和主要工料数量							
主要工程数量				主要工料数量			
项目	单位	数量	建筑体积指标（每 m^3）	项目	单位	数量	建筑体积指标（每 m^3）
土方开挖	m^3	64.000	2.621	土建人工	工日	108.220	4.432
混凝土垫层	m^3	2.081	0.085	预拌混凝土	m^3	18.009	0.737
钢筋混凝土底板	m^3	3.235	0.132	预拌砂浆	m^3	0.218	0.009
钢筋混凝土侧墙	m^3	4.495	0.184	钢筋	t	29.536	1.210
钢筋混凝土顶板	m^3	2.879	0.118	钢绞线	kg	23.733	0.972
管廊支架（钢支撑）	t	0.572	0.023	木材	m^3	5.020	0.206
井点	根天	300.000	12.285	钢材	t	6.100	0.250
深层搅拌桩	m^3	16.129	0.660	机械使用费	元	3922.000	160.610
喷射混凝土	m^3	6.673	0.273				

单位：m

指标编号	10F-07			构筑物名称	预制标准段		
结构特征：分片预制拼装管廊用于隧道段管廊。隧道结构：净宽 9.880m，净高 7.600m，底板厚 200mm，壁厚 60mm，坦顶三心圆结构形式。初期支护：由工字钢拱架，径向锚杆，钢筋网及喷射混凝土组成；二次衬砌：采用 C30 钢筋混凝土结构。管廊：侧墙厚 250mm，顶板厚 200mm，内部结构分为上下两层							
建筑体积	$100.100m^3$			混凝土体积	$22.960m^3$		
项目	单位	构筑物		占指标基价的百分比	折合指标		
					建筑体积（元/m^3）		混凝土体积（元/m^3）
指标基价	元	162667		100%	1625		7085
土建主要工程数量和主要工料数量							
主要工程数量				主要工料数量			
项目	单位	数量	建筑体积指标（每 m^3）	项目	单位	数量	建筑体积指标（每 m^3）
隧道开挖	m^3	100.100	1.000	土建人工	工日	116.667	1.166
仰拱施工	m^3	7.860	0.079	预拌混凝土	m^3	17.360	0.173
钢筋混凝土底板	m	1.000	0.010	钢筋	t	3.060	0.031
钢筋混凝土侧墙	m	2.000	0.020	木材（60×180×2000）	根	10.000	0.100
钢筋混凝土顶板	m	1.000	0.010	钢材	kg	880.000	8.791
管廊支架	套	6.000	0.060	砂碎石等地材	m^3	6.370	0.064
衬砌支护	m^2	45.500	0.455	水泥	t	0.504	0.005
				其他材料费	元	7000.000	69.930
牛腿施工	m	2.000	0.020	机械使用费	元	2000.000	19.980

单位：m

指标编号	10F-08			构筑物名称	预制标准段		
结构特征：结构内径 1.800m×3.200m，底板厚 400mm，外壁厚 400mm，顶板厚 400mm，喷锚放坡，回填山坳段地基采用强夯处理							
建筑体积	$10.400m^3$			混凝土体积	$4.680m^3$		
项目	单位	构筑物		占指标基价的百分比	折合指标		
					建筑体积（元/m^3）		混凝土体积（元/m^3）
指标基价	元	40000		100%	3846		8547
土建主要工程数量和主要工料数量							
主要工程数量				主要工料数量			
项目	单位	数量	建筑体积指标（每 m^3）	项目	单位	数量	建筑体积指标（每 m^3）
钢筋混凝土底板	m^3	1.000	0.208	土建人工	工日	7.030	1.221
				预拌混凝土	m^3	1.410	0.245
钢筋混凝土侧墙	m^3	2.400	0.417	钢筋	t	1.000	0.174
钢筋混凝土顶板	m^3	1.067	0.185	木材（60×180×2000）	根	4.800	0.833
管廊支架	套	2.000	0.347	钢材	kg	6.000	1.042
降排水	m	1.000	0.174	砂碎石等地材	m^3	1.290	0.224
围护结构	m	1.000	0.174	水泥	t	1.330	0.231
				其他材料费	元	1050.000	182.292
地基加固	m	1.000	0.174	机械使用费	元	300	52.083

材料价格汇总表

序号	名称	单位	不含税单价（元）
1	热轧圆钢 10~14	t	3761.00
2	热轧带肋钢筋 14	t	3838.00
3	型钢	t	3761.00
4	普通硅酸盐水泥 42.5	t	461.50
5	预拌混凝土 C30	m^3	446.60
6	预拌混凝土 C35	m^3	466.00
7	木材	m^3	1897.00
8	黄砂	t	77.67
9	碎石（0.5~3.2）	t	67.96
10	豆石（0.5~1.2）	t	71.84
11	级配砂石	t	60.19
12	建筑工程人工	工日	99.00
13	安装工程人工	工日	87.00
14	球墨铸铁管 *DN*1000	m	1665.64
15	球墨铸铁管 *DN*900	m	1407.86
16	球墨铸铁管 *DN*800	m	1150.09
17	球墨铸铁管 *DN*700	m	927.01
18	球墨铸铁管 *DN*600	m	728.72
19	球墨铸铁管 *DN*500	m	555.21
20	球墨铸铁管 *DN*400	m	396.58
21	球墨铸铁管 *DN*300	m	267.69
22	球墨铸铁管 *DN*200	m	158.63
23	电力电缆 YJV22-8.7/15kV-3 × 120mm^2	m	304.27
24	电力电缆 YJV22-8.7/15kV-3 × 240mm^2	m	498.29
25	电力电缆 YJV22-8.7/15kV-3 × 300mm^2	m	621.37
26	电力电缆 YJV22-8.7/15kV-3 × 400mm^2	m	651.28
27	电力电缆 YJV22-8.7/24kV-3 × 120mm^2	m	332.48
28	电力电缆 YJV22-18/24kV-3 × 300mm^2	m	629.06
29	电力电缆 YJV-26/35kV-1 × 630mm^2	m	342.74
30	电力电缆 YJV-26/35kV-3 × 300mm^2	m	655.79
31	电力电缆 YJV-26/35kV-3 × 400mm^2	m	672.65
32	电力电缆 YJLW03-66-1 × 1000mm^2	m	623.93
33	电力电缆 YJLW03-64/110kV-1 × 800mm^2	m	529.91
34	电力电缆 YJLW03-64/110kV-1 × 1000mm^2	m	649.57
35	电力电缆 YJLW03-64/110kV-1 × 1200mm^2	m	718.80
36	电力电缆 YJLW03-127/220kV-1 × 1000mm^2	m	769.23
37	电力电缆 YJLW03-127/220kV-1 × 1200mm^2	m	959.83

续表

序号	名称	单位	不含税单价（元）
38	电力电缆 YJLW03-127/220kV-1×1600mm^2	m	1239.32
39	电力电缆 YJLW03-127/220kV-1×2500mm^2	m	1509.40
40	电缆头支架 Q235	t	3034.19
41	电缆桥架 玻璃钢 300×100	m	153.85
42	电力电缆接头 YJV-26/35kV-1×630mm^2	套	8717.95
43	电力电缆接头 YJLW03-66-1×1000mm^2	套	19230.77
44	电力电缆接头 YJLW03-64/110kV-1×800~1200mm^2	套	27179.49
45	电力电缆接头 YJLW03-127/220kV-1×1000~1600mm^2	套	72649.57
46	电力电缆接头 YJLW03-127/220kV-1×2500mm^2	套	85470.09
47	电缆固定金具 66kV	套	247.86
48	电缆固定金具 110kV	套	247.86
49	电缆固定金具 220kV-1000~1600mm^2	套	726.50
50	电缆固定金具 220kV-2500mm^2	套	811.97
51	无缝钢管 D168×6.0 20#	m	134.57
52	无缝钢管 D219×7.0 20#	m	205.45
53	无缝钢管 D273×8.0 20#	m	287.44
54	无缝钢管 D325×10 20#	m	429.68
55	无缝钢管 D406.4×7.9 20#	m	540.39
56	无缝钢管 D508×7.9 20#	m	678.16
57	无缝钢管 D610×9.5 20#	m	979.23
58	无缝钢管 D711×11.9 20#	m	1428.03
59	90°无缝弯头 DN150 R=1.5D	个	218.02
60	90°无缝弯头 DN200 R=1.5D	个	553.15
61	90°无缝弯头 DN250 R=1.5D	个	948.65
62	90°无缝弯头 DN300 R=1.5D	个	1488.29
63	90°无缝弯头 DN400 R=1.5D	个	2657.66
64	90°无缝弯头 DN500 R=1.5D	个	5209.01
65	90°无缝弯头 DN600 R=1.5D	个	11805.41
66	90°无缝弯头 DN700 R=1.5D	个	19183.78
67	焊接端焊接体电动闸阀 DN150	个	232863.96
68	焊接端焊接体电动闸阀 DN200	个	240781.08
69	焊接端焊接体电动闸阀 DN250	个	256225.23
70	焊接端焊接体电动闸阀 DN300	个	271669.37
71	焊接端焊接体电动闸阀 DN400	个	331663.96
72	焊接端焊接体电动闸阀 DN500	个	416972.97
73	焊接端焊接体电动闸阀 DN600	个	576628.83
74	焊接端焊接体电动闸阀 DN700	个	770861.58

续表

序 号	名 称	单位	不含税单价（元）
75	可燃气体检测报警器	台	16000.00
76	可燃气体检测探头	台	1300.00
77	镀锌钢管 20	m	6.95
78	电力电缆 NH-YJV-3 × 2.5	m	10.03
79	控制电缆 NH-KVV-4 × 1.5	m	7.46
80	控制电缆 NH-KVVP-4 × 1.5	m	6.70
81	焊接钢管 ϕ325 × 7.0 Q235B	m	304.25
82	焊接钢管 ϕ377 × 7.0 Q235B	m	354.00
83	焊接钢管 ϕ426 × 7.0 Q235B	m	400.88
84	焊接钢管 ϕ478 × 7.0 Q235B	m	450.63
85	焊接钢管 ϕ529 × 7.0 Q235B	m	499.42
86	焊接钢管 ϕ630 × 8.0 Q235B	m	680.11
87	焊接钢管 ϕ720 × 8.0 Q235B	m	778.52
88	焊接钢管 ϕ820 × 10 Q235B	m	1107.10
89	焊接钢管 ϕ920 × 10 Q235B	m	1243.77
90	焊接钢管 ϕ1020 × 10 Q235B	m	1380.45
91	焊接式波纹管补偿器 *DN*300	个	20934.23
92	焊接式波纹管补偿器 *DN*350	个	25529.73
93	焊接式波纹管补偿器 *DN*400	个	29869.37
94	焊接式波纹管补偿器 *DN*450	个	34590.99
95	焊接式波纹管补偿器 *DN*500	个	44128.83
96	焊接式波纹管补偿器 *DN*700	个	70554.05
97	焊接式波纹管补偿器 *DN*600	个	60453.15
98	焊接式波纹管补偿器 *DN*800	个	81004.51
99	焊接式波纹管补偿器 *DN*900	个	85001.80
100	焊接式波纹管补偿器 *DN*1000	个	95296.40
101	金属硬密封焊接端蝶阀 *DN*300	个	27927.93
102	金属硬密封焊接端蝶阀 *DN*350	个	34234.23
103	金属硬密封焊接端蝶阀 *DN*400	个	41441.44
104	金属硬密封焊接端蝶阀 *DN*450	个	53603.60
105	金属硬密封焊接端蝶阀 *DN*500	个	67567.57
106	金属硬密封焊接端蝶阀 *DN*600	个	99099.10
107	金属硬密封焊接端蝶阀 *DN*700	个	135135.14
108	金属硬密封焊接端蝶阀 *DN*800	个	207207.21
109	金属硬密封焊接端蝶阀 *DN*900	个	271171.17
110	金属硬密封焊接端蝶阀 *DN*1000	个	342342.34
111	高温玻璃棉管壳	m^3	860.00

续表

序 号	名 称	单位	不含税单价(元)
112	镀锌铁皮	m^2	35.04
113	48 芯光缆	km	5802.15
114	96 芯光缆	km	10637.27
115	144 芯光缆	km	15472.39
116	288 芯光缆	km	27076.69
117	100 对电缆	km	17406.44
118	200 对电缆	km	32878.83
119	光缆接续器材	套	290.11
120	电缆接续器材	套	96.70

主编单位： 上海市政工程设计研究总院（集团）有限公司

参编单位： 北京市政工程设计研究总院有限公司

电力工程定额管理总站

工业和信息化部通信工程定额质监中心

北京市煤气热力工程设计院有限公司

福州市规划设计研究院

中国建筑股份有限公司

建华建材（中国）有限公司

编 制 人： 王　梅　陆勇雄　王非宇　肖菊仙　郑永鹏　屈　望　钏　瑜　马婉萍　郭雪飞　董士波　刘　强　顾　爽　张永红　刘建安　刘铭露　郭艳红　彭　升　孙明烨　刘　芃　张　曦　詹旭成　油新华　蒋少武　刘海强

审查专家： 胡传海　王海宏　胡晓丽　王中和　薛长立　张　鑫　曲艳凤　蒋玉翠　潘昌栋　沈　碧　赵曙平　吴朝霞　胡海英　杨　军　朱　辉